社会主义新农村建设实务丛书

现代农业观光温室景观设计与案例分析

主　编　张天柱

中国轻工业出版社

图书在版编目（CIP）数据

现代农业观光温室景观设计与案例分析/张天柱主编.
—北京：中国轻工业出版社，2021.1
（社会主义新农村建设实务丛书）
ISBN 978－7－5019－8989－8

Ⅰ.①现…　Ⅱ.①张…　Ⅲ.①温室－农业建筑－建
筑设计－案例　Ⅳ.①TU261

中国版本图书馆 CIP 数据核字（2012）第 216651 号

责任编辑：伊双双　责任终审：张乃柬　封面设计：锋尚设计
版式设计：王超男　责任校对：李　靖　责任监印：张　可

出版发行：中国轻工业出版社（北京东长安街 6 号，邮编：100740）
印　　刷：三河市万龙印装有限公司
经　　销：各地新华书店
版　　次：2021 年 1 月第 1 版第 4 次印刷
开　　本：720×1000　1/16　印张：15
字　　数：297 千字　插页：4
书　　号：ISBN 978－7－5019－8989－8　定价：38.00 元
邮购电话：010－65241695
发行电话：010－85119835　传真：85113293
网　　址：http://www.chlip.com.cn
Email：club@chlip.com.cn
如发现图书残缺请与我社邮购联系调换
201602K1C104ZBW

本书编委会

主　　编：张天柱

编　　委：王振力　孙莉莉　王　涛　李志娟　王　静　刘竹青

　　　　　亓德明　郝天民　郭唯伟　傅常智　王海生　甄　卞

　　　　　李　旭　张立田　陈燕红　李伟平　李国新　王　栖

　　　　　何小凡　孟庆旭　赵　磊　殷瑞璇　毕海涛　郑　岩

　　　　　刘　芳　刘彩霞　高春嫒　李晶晶　房志超　桂华冰

顾　　问：吴卫华　梁伊任　张德纯　曹　华

前 言
PREFACE

　　20世纪90年代，我国农业现代化建设中开始涌现出一种新型的现代农业发展模式，即各类农业园区的兴起和快速发展，其中农业观光旅游园区在中华大地上迅速兴起，成为我国旅游业的一个新亮点。我国农业文明历史悠久，气候及地貌类型复杂多样，各地农业生产差异明显，孕育了丰富的农业观光休闲资源。随着大众旅游的兴起，农业观光旅游的内容也逐渐丰富，从单纯的垂钓、采摘、农家乐等向多项目、高档次、多景观等方面发展，尤其注重了游客体验、观光、参与等项目的开发。伴随着21世纪的到来，人们更加注重消费，农业发展走向生态农业、循环经济、可持续发展的道路，农业旅游项目的开发也逐渐与设施、景观、科技等主题紧密结合。我国许多农业观光旅游园区利用设施、科技、名优特新品种、人造景观等优势，挖掘园区的旅游功能，取得了良好的社会效益、经济效益和生态效益。

　　2001年，在全国旅游发展工作会议上，国家旅游局把现代农业观光旅游正式提出来以后，在各级政府政策的推动、引导下，目前我国的农业观光旅游已经基本上完成了规模扩张任务，呈现出蓬勃发展的态势，各地涌现出一大批科技含量高、景观设计新颖、园艺造型全面、应用名优品种的典型园区，更进一步带动了全国现代农业观光旅游园区的建设高潮。

　　我国在现代农业观光园区建设中，营造了一大批农业观光温室，并成为农业观光园区的主要亮点。农业观光温室是集观光游览、技术展示、科普教育于一体的高科技农业精品主题公园，它将园林艺术、设施园艺景观、栽培技术、地域文化与现代旅游经营有机地融合在一起，成为具有完整景观体系和旅游功能的新型农业景观体系。农业观光温室是观光农业和设施园艺发展的结合体，是一种新型农业景观形态。随着现代观光农业的迅速发展，提高观光温室的景观设计水平，创新农业技术，已经成为观光农业的一项新课题。

　　近年来，中国农业大学北京中农富通园艺有限公司和有关单位密切合作，成功地建造了一批现代都市农业科技园区和农业观光旅游园区，如山西皇城相府生态农业观光园、天津杨柳青果蔬博览园、内蒙古鄂尔多斯现代农业科技创新园、广西百色国家农业科技园、天津团泊现代农业示范园、山西大禾现代农业科技示范园等，为我国农业旅游建设和发展贡献了自己的力量。

为进一步提高现代农业观光旅游园区建设，我们特邀了国内知名专家指导，组织有关人员，编写了《现代农业观光温室景观设计与案例分析》一书。本书从综合角度出发，不仅将各相关学科理论、方法融合到农业景观之中，还突出农业特色，涉及设施环境、无土栽培、栽培设施、园艺植物以及园区养护等，较全面的论述旨在供各地建设现代农业观光旅游园区时参考应用。

本书受北京市重点学科及都市农业学科群建设项目资助。

由于时间仓促，水平有限，书中错漏之处在所难免，希望读者不吝斧正。

张天柱

2012 年 11 月

目 录
CONTENTS

第一章
绪　论

1978 年改革开放以来，由于党中央、国务院在农村实行了家庭联产承包责任制等一系列改革措施，极大地调动了广大农民的积极性，促进了农业的快速发展。近年来，国家逐年增加对农业的物质和技术投入，农业基础设施建设速度加快，使农业综合生产能力不断提高，土地生产率、劳动生产率明显上升；农业科学技术广泛地应用于农业，使农业科技进步贡献率逐年提高；农业教育发展迅速，广大农民的科技文化素质达到空前水平。自 2004 年以来，中共中央、国务院连续七年都出台了指导"三农"工作的中央一号文件，有力地促进了农业的发展，提高了农业综合生产能力，开创了社会主义新农村建设的新局面。目前，我国农业正在由传统农业向现代农业转变、由粗放经营方式向集约经营方式转变、由"数量型"农业向"质量、效率型"农业转变。在这种农业进步、全面建设小康社会的形势下，我国各类现代农业园区应运而生，而且呈现出快速发展的势头。我国各类现代农业园区是 20 世纪90 年代初期在我国农业现代化建设中开始涌现的一种新型现代农业发展模式，近几年来发展迅速。现代农业园区的兴起和快速发展，是我国现阶段农业发展的需求，经过十几年的建设，已初具规模，管理日趋规范，经济效益、社会效益和生态效益显著提高。

第一节　观光农业发展的历史背景

我国现代农业园区的产生、发展，是新的历史条件下我国农业生产力水平与现代农业体制等一系列综合因素决定的产物，是近年来出现的一种新型农业结构形式，是对原有的千家万户分散的小农经济生产组织形式的突破。已经建成的各类农业园区，也确实显示了它们在解决"三农"问题中发挥的巨大作用。

现代农业园区目前还没有一个统一的标准概念。国内有的专家、学者认为：一般而言，现代农业园区是为大力开发、提升农产品加工业和物流业等各类与农业有关的产业，对一定区域给予较高的资金投入，引入现代技术和现代设施，采用先进的组织和管理方式，进行高效运作并有一定规模的集约化农业园，从而获得高的经济效益、生态效益和社会效益，以促进本地区农业可持续发展。

现代农业园区的类型，按照园区的功能归纳为农业科技园区、农业生态园区、农业旅游园区、农业产业化园区、生态餐厅园区等几类。其中，农业观光园区在近几年的农业园区建设中一枝独秀，异军突起，成为一道独特的风景线。

我国农业文明历史悠久，气候及地貌类型复杂多样，各地农业生产差异明显，孕育了丰富的观光休闲农业资源。随着都市化社会的出现，城市居民渴望在典型的农业资源环境中放松自己，于是农业与旅游业交叉的新型产业——观光休闲农业应运而生。

一、观光农业的概念与内涵

观光农业，又称作旅游农业或休闲农业。有学者认为，它是以农业活动为基础，农业和旅游业相结合的一种新兴的交叉型农业，是以乡村独特的景观和园艺造型为吸引物，以都市居民为目标市场，以满足旅游者观光、娱乐、求知、体验农事和回归自然等愿望为目的的一种旅游方式。观光农业不仅具有传统农业的生产功能，而且具有新技术、新品种的科技示范功能，城市居民的休闲、农事体验、观光等生活服务功能，以及对本地区生态的维护和优化功能。

农业旅游观光园是指在一定的范围或特定的区域内，以农业旅游观光为主要内容和目的的现代农业园区。农业观光园、生态观光园、农业采摘园、农业休闲园、都市农庄、疗养农业园等，都是农业观光园在不同经济发展阶段的不同表现形式。它们都有一定的地域范围，都以农业旅游观光为开发内容和目的，但其利用的农业旅游资源客体的侧重点不同，有些侧重于观光体验，有些侧重于民俗资源开发，还有些侧重于娱乐休闲。如农业观光园主要是指以农业观光为主要旅游活动内容的园区，其内容侧重于游客对农业自然景观和人造景观的观赏和游览。

农业观光园作为一项新型的旅游项目，丰富了旅游活动的内容，顺应了现代旅游发展的潮流，满足了旅游市场的需要，促进了旅游业的多元化发展和可持续发展。快节奏的生活和紧张的工作使得现代的都市居民心力交瘁，在短暂的假期里，他们更倾向于寻求远离喧嚣、回归自然的近郊旅游项目来放松身心。观光农业园正是这样一种以安静祥和的乡村环境为背景的近郊休闲度假载体，并且，观光农业园独具特色的农业旅游资源，既迎合了现代都市游客求新求奇的心理，又是"生态旅游"这一世界新兴旅游主题的一个项目，成为现代游客崇尚的乡土乐园。

由于农业观光园区发展的重点是产业特色化、设施现代化、功能生态化、经营市场化，所以通过建设观光生态农业园，可以直接调整农业产业结构、品种结构和布局结构，使农业产业结构逐步趋于合理化，使农业生产向规模化、集约化、产业化发展。同时，依照农业、生态、旅游三个方面和谐发展的总体目标进行建设，观光农业园将具有产业发展科技化、整体设计生态化、功能定位多元化等特征，从而实现都市农业、科技教育、休闲观光的一体化，成为现代都市农业实现升级的一种理想的目标模式，并通过"园区＋基地＋农户"的形式，带动园区周边地区的农业发展与第二、第三产业的发展，增加农民收入。

在国外，农业旅游有许多形式和称呼，如"观光农场"、"乡村旅游"等。早在19世纪，观光农业在西方一些发达国家开始兴起，如欧洲的阿尔卑斯山区、美国和加拿大的交界处落基山区最早成为观光农业旅游区。意大利是世界上旅游最发达的国家之一，早在1865年就成立了"农业与旅游全国协会"，专门介绍城市居民到农村去体验生活，他们与农民同吃、同住、同劳作。旅游者在农村的优美环境中生活，体验着一种全新的生活方式。目前，在美国、欧洲的德国、英国、法国、西班牙，以及亚洲的日本、新西兰、马来西亚、韩国等国家，观光农业已经具有相当规模，走上了规模化发展的道路。

美国的观光休闲农场，多为集观光旅游和推广农业科普知识于一体的农场，每年约有2000万人前往观光农场度假（图1－1）。现在，仅东部地区就有观光农场1500多家，有力地促进了农业综合开发和旅游经济的发展。2000年，夏威夷州从事农业旅游的农场有5500多家，农业旅游产值近2600万美元。

图1－1 美国农场

法国的葡萄酒名扬世界，所以以葡萄酒为主题的酒乡游吸引了大量国内外游客，游客可以参观葡萄园、参与酿造、品尝美酒、参加当地酒庆活动。法国居民素有以种菜为乐的习惯，自20世纪70年代以来，许多农民在自家农场为城市居民提供种菜休闲场所。到目前为止，法国已有1.6万户农家建立了家庭旅馆，推出农庄旅游项目。

德国的农业观光旅游主要以市民农园的形式出现，在这个国家的都市或中小城镇中到处都有不同形式的市民农园，比如在 Menhen 市区就有8000个左右。德国人认为，在市民农园里参与农艺劳动是最高尚的休闲娱乐方式之一，很多家庭也为拥有一个农园而感到骄傲与自豪。市民农园里种植花卉、果树、蔬菜等，有单独种植的，也有混合种植的，还有珍稀鱼类的养殖、迷宫式的植物栽培等。

日本是亚洲最早发展观光农业的国家之一。这个国家的观光农业首先是综合性观光农场，它利用乡村的森林、小溪、草原等乡土自然景观，再附设小屋、凉亭等各类游憩设施等，为旅游者提供综合性观光场所。其次是观光农园，它一般在城市附近，主要开放成熟的果园、菜园、花园、茶园等，让游客自己亲手采摘，享受田间生活。在日本，一些名特优农作物新品种比较普遍，观光农园向人们展示先进的农业高科技和优质农产品。再次是民俗农庄，它是指利用农村自然环境景观和当地民俗文化，让游客自然地接触、认识和体验农村生活，享受农村乐趣，体验乡土风情。另外，还有教育农园，它利用农场环境和产业资源，将其改造成学校的户外教室，是学校课堂教育的延伸。农园中所栽培的作物、饲养的动物以及配备的设施，都具有教育内涵。

马来西亚在1985年建立了一处农村旅游区，作为科技示范和生态保护的样板，并以此发展农林业旅游观光。该园区位于吉隆坡附近，区内设有鱼池、果园、菇房、稻田、花园、植物园、灌木林区和雨林区等，突出自然属性。1990年8月，马来西亚国家农业节特选址在这里举行活动。另外，马来西亚围绕农业旅游建设，还发展了花卉旅游业。从1992年起，将7月2日至9日定为一年一度的"花卉节"，在花卉节期间举行各种花展、花竞赛、花车游行等各种活动，使全社会形成养花、爱花的新习俗。1995年，马来西亚成功地举办了国际花卉展销会，成为东南亚地区权威性的国际花卉展。

韩国政府为了推动观光农业的发展，付出了不懈的努力。目前韩国的观光农业旅游区中所有的基础设施如道路、电缆等，都由政府出资建设，而所有的娱乐设施则吸引企业前来投资，银行为当地农民建设各种观光农业提供低息贷款。同时，韩国政府把发展绿色观光农业作为促进农村地区经济发展的新方案，以激活农村的基础产业。韩国的绿色观光农业主要由以下几部分组成：农林渔业、农家民房、农家西餐厅、加工直售农产品、体验农林渔业等。

二、观光农业的功能

现代观光农业是以现代农业为依托，主要以生产或生态功能为主，同时提供农业观光服务。

（一）观光旅游的功能

观光农业除保持农业的自然属性外，又具有现代农业的新鲜气息，加上生态化、精品化的整体设计，现代农业设施的应用，各种农业景观、小品、雕塑，常年进行的名优瓜菜、花卉的生产以及各种畜禽的饲养、生产，形成了集科学性、艺术性、文化性为一体的人地结合的现代观光景点。通过现代农业优美的自然景观、浓郁的田园风光、良好的生态环境、现代的生产设施、名稀特优的农产品，吸引城市居民观光、旅游，为城市居民提供观光、采摘、住宿、餐饮、休闲、游玩等各种服务，提高了人们的生活质量。

（二）现代农业科技展示的功能

现代观光农业引进、试验、示范农业高新技术、新品种、新成果，并加以推广应用，为推动全国农业现代化提供经验，现代观光农业的设施装备也是处于国际或国内领先水平的。例如目前我国一些农业观光园区，示范了蔬菜的无土栽培、南果北种等农业高新技术，一方面提高了展示效果，更重要的是为各地大面积推广提供了科学依据和实践经验。其中的设施装备，如自动灌溉系统、环境自动监控系统、园艺设施装备等，都代表着我国现代农业的设施设备水平。

（三）农业科技教育、培训的功能

现代观光农业，本身就是宝贵的教育素材，具有极其重要的教育意义。通过现代观光农业的开发，使一些农耕文化、民俗文化、民族文化融入其中，同时观光农业又具有现代农业的高新技术展示，可以使城里人尤其是青少年一代了解农业、认识农业、热爱农业，培育他们从小学科学、爱科学的良好习惯。通过现代观光园区的建造，通过示范和技术培训，还可以培训农业科技人才，强化农业科技队伍建设。

（四）优质农产品生产的功能

观光农业，本身就是农产品的生产基地，有的还具有农产品加工的功能。各地在兴建观光农业时，为了提高观光农业的产品档次，其生产标准按无公害、绿色、有机的标准进行生产，而且多为名优特农产品。通过生产、加工这类农产品，能一年四季为人们提供优质农产品，满足不同阶层的消费需求，同时又保证了生产者和经营者有较好的经济效益，能够显著地提升区域农产品市场竞争力。有些地方，通过观光农业区的营建，一些农产品已经形成了规模化生产、产业化经营的格局，从而拉动了一方经济的发展。

（五）发挥生态环保作用的功能

现代观光农业运用生态学、生态经济学原理和系统科学的方法，把现代科学技术成就与传统农业技术的精华有机地结合起来，把农业生产、农村经济发展和生态环境治理与保护、资源的培育与高效利用融为一体，使之成为具有生态合理性、功能良性循环的新型综合农业，可实现农业的可持续发展，维护自然生态平衡。

现代观光农业调节环境、平衡生态，许多现代农业观光园区在植物种类的选择、农产品生产的标准、给水排水设施、观光温室的规划设计中，都十分注重调节区域气候，防止水土流失，维护生态平衡，提高城市环境质量，创造良好的生活空间，发挥生态屏障功能。

三、观光农业与观光温室的关系

近十几年来，观光农业在我国呈现蓬勃发展趋势，各地竞相建成了不少农业观光园区、观光采摘果园及"生态园"项目。观光农业以其多功能、高品位、高效益吸引了许多政府领导、企业家和专家学者的关注，并逐步把观光农业项目的建设、研究和推广纳入到现代农业建设、新农村建设、城市休闲功能完善的研究课题中，丰富和延伸了现代农业的内涵。观光农业的出现，迎合了社会发展和现代人的普遍需求，观光农业的建设不仅是农业经营模式的创新，而且它顺应了全社会的需求。观光农业的发展可以表现出一个国家和地区的发展水平、发展速度和社会的文明程度、文化建设的高度等，是一个时代发展的象征。

农业观光温室是观光农业和设施园艺发展的结合体，它是集农业观光、农林作物、农业技术、园林景观及农耕文化等于一体的新型农业景观形态。

随着我国设施农业的快速发展，农业观光温室的类型也越来越多，日益丰富。农业观光温室的出现，可以满足人们一年四季对观光农业的需求。观光农业园区的建设者，通过对连栋温室、日光温室乃至塑料大棚的进一步开发利用，创造了各种类型的农业观光温室，供人们休闲、观光、采摘、餐饮、娱乐。

第二节 农业观光温室概述

农业观光温室是观光农业项目的一个新形式，也是农业观光项目的重要类型。农业观光温室是集观光游览、技术展示、农耕采摘、农业科普教育于一体的高科技农业精品主题公园，它将园林艺术、设施园艺景观、栽培技术、地域文化与现代旅游经营有机融合在一起，以现代温室为载体，按照景观规划设计和旅游规划原理，运用现代高新农业科学技术将自然景观（设施作物为主）要素、人文景观要素和景观工程要素进行合理融合与布局，使之成为具有完整景观体系和旅游功能的新型农业景观形态。

一、农业观光温室的概念

农业观光温室（Agricultural Sightseeing Green house，ASG）是指以现代温室为载体，按照景观规划设计和旅游规划原理，运用现代高新农业科学技术，将自然景观（园艺作物为主）要素、人文景观要素和景观工程要素进行合理融合与布局，使之成为具有完整景观体系和旅游功能的新型农业景观形态，这种形态旨在表达和传递园艺的魅力、技术和发展。

二、农业观光温室的特点

农业观光温室为农业休闲化提供了新的发展方向，注入了新的活力。农业观光温室与普通温室相比，对游客更具吸引力。

（一）科技含量高

农业观光温室大多数是现代化智能温室，从功能设计到使用和管理上，突出其极高的科技含量，所展示的内容主要为农业高新科技和新奇特农产品，在展示过程中充分运用生物工程技术、环境工程技术、景观工程技术以及先进的栽培方式。在管理中设置感应器，采集温室内温度、湿度、二氧化碳浓度、光照强度等数据，传送到自动控制系统上，然后根据技术人员对植物不同时期所需求的生长参数进行自动调节。

（二）品种丰富，模式多样，作物景观新奇特优

农业观光温室，主要体现农业，因此种植的作物主要是蔬菜、果树、花卉。在栽培中，其品种非常丰富。例如蔬菜品种中，有保健菜、食疗菜、鲜辣菜、减肥菜、美容菜、袖珍菜、观赏菜等；果树品种，主要是南果北种，体现"南国风情"；在花卉品种中，有各类观赏花卉、药用花卉、食用花卉等。栽培模式，有深液流水培、管道水培、营养液膜水培、浮板水培等。在基质栽培中，有槽式栽培、袋式栽培、箱式栽培、盆栽、树式栽培、廊架栽培等，其作物景观新奇特优，增强了温室景观的新奇性和吸引力。

（三）种植方式多样，景观体现园林艺术

农业观光温室利用景观美学的对比、均衡、韵律、统一、调和等手法，将温室空间和景点进行园林化的规划和布局，在空间布局、形式表达、内容安排等多方面都具有园林艺术性的特点。植物以立体种植、平面种植和人造景观种植相结合，形式多样，将种植行为以景观的形式表现出来。

（四）文化内涵丰富相融，农业的参与性很强

农业观光温室在设计中，充分展示农耕文化、民俗文化、民族风格、地域特点、历史人文典故，增加观光内涵，农耕气息浓厚，农业的参与性强。

（五）功能多元化，一室多能

农业观光温室集科研、科普、展示、休闲、观光为一体，功能全面。有的农业观光温室，还是培养青少年学科学、爱科学的基地。农业观光项目的建设，对于发展农业高科技、推广作物新品种具有重要意义，而建设观光休闲型温室，更兼有科普教育、休闲体验、休憩、游乐的功能。目前温室设施在我国已经广泛应用，是以生产花果、蔬菜和养殖畜禽鱼鸟为主，在观光品种上非常丰富，而且可以不断变换，其产品还可以采摘销售。

三、农业观光温室的类型

（一）生产依托型观光温室

这种类型的温室主要用于农业生产，是温室旅游发展的最初模式。此类温室主要用于生产高附加值的花卉、种苗、特种蔬菜以及水产养殖等，以设施农业经济收益为主要收入来源，农业观光旅游收益只是补充。

（二）高科技试验基地型观光温室

依托农业科技园、特种植物培养基地等研究机构形成的观光温室。这种类型的温室主要用于新奇特品种动植物培育、科技研发等，与生产依托型观光温室一样，观光旅游只是辅助产业。主要利用试验基地中的新奇特产品以及无土栽培、营养液滴灌、生产要素全自动调配等大众游客难以接触到的前沿现代农业技术作为核心吸引物，配套提供旅游服务设施与活动项目，将科普教育与高科技农业观光紧密结合。

（三）大型展览及休闲温室

大型展览温室的旅游吸引力与观赏价值主要体现在各种专类植物景观、特殊观赏品种上，同时，作为花园中的绿色建筑，温室本身也通过新的技术手段诠释了人类与自然、动植物和栖息地间的动态关系，生动展现园林艺术的动感美。如北京植物园展览温室、北京世界花卉大观园、上海植物园展览温室等；此外，依托大空间温室打造的室内水游乐与康体休闲项目也在逐步兴起。

（四）休闲场所型温室

这一类型温室是将休闲场馆与温室技术相结合而形成的一种新型模式，以高端温室技术为主要结合点模拟大自然生态，随时提供幽雅的自然景观生态结合、舒适惬意的环境氛围，富有田园景观文化，集生态观光与餐饮休闲等功能于一体，包括生态温室餐厅、温室洗浴、庭院温室、养生温室、温室会所等。

（五）综合型农业生态园温室

综合型温室是在温室中人为制造大自然环境，如山水、瀑布、花草、果木等，是以上几种温室开发模式的综合。包括以旅游接待服务为主要功能的各种温室，由于温室内环境的可控制性，可种植不同气候地区的植物以及反季节植物，提供田园农业游、园林观光游、水果蔬菜的采摘等等农体验游活动，以及以现代高科技农业展示、科普教育为主题的农业科技游。综合型温室通常以乡村环境、田园风光为大背景，内部空间的功能设置可以由农业向复合型休闲、会议度假、康疗体检等延伸，形成一站式温室休闲综合体的概念。

第三节 农业观光温室的发展模式

农业观光温室主要是以农业景观塑造、现代农业高新技术展示、名优特新蔬菜花卉果树等品种的栽植、农耕文化传承等为旅游内容，从而开发不同特色的主题观光内容，以满足游客体验农业、观光旅游的心理需求，其发展模式主要有以下几类：

（1）农业高新技术展示 主要是农业高新技术拓展功能，是在农业科研基地的基础上，利用科研设施作为吸引物，向游客展示新技术，形成集农业生产、科技示范、科研教育为一体的新型科教农业观光温室。其具体内容如现代无土栽培中水培的深液流水培、管道水培、雾培等，基质栽培中的箱式栽培、槽培、袋培等。

（2）名稀特优品种栽培 这一类农业观光温室，主要种植名稀特优蔬菜、花卉、南方果树等。通过种植，使这些品种展示出五彩缤纷、绚丽夺目的姿态，从而吸引游客流连忘返。如种植形态各异的观赏南瓜、名花蝴蝶兰、各种颜色的蔬菜等，并且通过一定设施形成景观，如蔬菜树、廊架等。

（3）农耕文化的传承 主要是在观光温室内设计农耕技艺、传统耕作、古代农业、农时节气、农具等观赏休闲农业项目，使游客了解农业发展历史，学习农耕文化，感受农业氛围，开展农业文化旅游。

（4）生态餐饮 在温室内设置亭台楼阁、小桥流水、雕塑小品、绿叶观赏植物、奇花异草等人造景观，并设置若干高档餐桌茶几，使游客一年四季都可置身于绿色自然环境中进行餐饮消费，从而进行假日农业观光休闲和消费，成为都市农业的一种方式。

我国农业发展经历了原始农业、传统农业和现代农业三个发展阶段。观光农业是现代农业的一种典型模式，它强调生产与人、自然诸多方面的和谐，倡导可持续发展，它不仅提供农产品，而且与各行业相互渗透，功能越来越多，其中田间劳作的欢乐、自然景观的欣赏等功能越来越引起人们的极大关注，而农业观光温室是观光农业的重要内容，是观光农业最重要的一种形式，农业观光温室随着观光农业的发展而不断发展，其内部结构、技术含量、风格和功能等在不断完善、不断提高、不断深化。

我国 20 世纪的农业观光旅游，其主要形式是各种农家乐，如垂钓、采摘、农家小吃等，那时农业观光温室尚未出现。随着农业观光旅游的不断发展，农业观光温室首先应用于生态餐厅，各地纷纷建造了一批风格各异的生态餐厅，供人们消费、休闲。随着农业高新技术展示温室的出现和发展，人们逐步把农业高新技术展示温室迁移到农业观光园区内而成为农业观光温室，其内容逐渐丰富，功能日臻完善，形势日益多种多样，如南国风情、热带雨林、各种亭台水榭、雕塑小品；栽培方式多样，如柱式栽培、墙式栽培、树式栽培、盆栽、廊架式栽培、各种无土栽培等；种植植物的种类日益增多，如名稀特野蔬菜、观赏蔬菜、各种花卉以及芳香植物、垂吊植物、爬地植物等；文化内涵也越来越丰富，如民俗文化、民族文化、农耕文化、地方风情等。

第四节　农业观光温室的发展趋势

随着现代观光农业的发展以及居民生活水平的提高、时间的充裕，人们对农业观光旅游的要求越来越迫切，他们要求科技含量高、景观独特新颖、功能全面、内容丰富、文化气氛浓郁的农业观光园区和农业观光温室，这就对农业观光温室景观节点的设计者提出了更高更新的要求。

一、规模化、综合型是观光温室发展的主攻方向

纵观各地观光温室的发展，单纯以一种类型存在的温室，即使做得很精致，受面积和内容所限，也难以产生较高的经济效益。增加种植内容、种植面积，倡导参与型、体验型、娱乐型、休闲型、服务型、教育型等具有综合功能的温室公园是今后的发展方向。

二、提高观光温室的高科技含量和文化氛围

将航天诱变技术、离子束诱变技术与基因定位技术、植物克隆技术等高新技术更多地融入到观光温室内容中，让更多的人通过温室了解现代农业和未来农业的发展。

三、突出特色，提高知名度

由于观光温室的多功能性，近年来各地跟进建设的很多。如何打破常规束缚，突出特色，提高知名度及竞争力已成为观光温室今后发展的关键。创

新、不断挖掘观光新亮点是观光温室追求的永恒主题。现在人们把目光投到了农业的另一个重要分支——养殖。进行无污染、合理可行、有意义的养殖将丰富观光温室的内容。目前某些园区已将珍禽鱼类作为展示内容，增加亮点吸引游人，还有以农家小院的形式进行柞蚕养殖的展示，让更多的人看到金蚕吐丝的过程。

四、设计风格应灵活多样

由于观光温室是城郊特色农业的表现形式，所以大多数观光温室的设计立意较多突出南方风情，以竹木结构为主，风格上的雷同难免让人产生厌倦感。南北结合、传统与现代结合、突出自身特色是风格变化的切入点。另外其固定的竹架结构很大程度上限制了种植植物的选择，设计环保、不失自然风格、简易可拆装的结构成为一种变化需求，可以为种植内容的增加创造条件，同时也使景观富有变化和新意，起到更加吸引游人的作用。

第五节 "十二五"期间农业观光园区建设和发展的重点

趋向区域农业集成转变。在这种形势下，我国现代农业园区建设要从以下几方面进行改进。

第一，提高农业园区科技水平。科技创新是农业园区发展最基本的驱动力，是农业各类园区发展最主要的目标之一。"十二五"期间，各类农业园区要进一步加大技术引进力度，提高科技应用示范覆盖率，提高园区对周边区域经济发展和农民增收的带动能力。要建立与现代农业发展相适应的农业科技成果引进机制，加强农业高新技术的组装集成，促进农业高新技术的转化和应用，逐步探索适合本地区自然条件的高新技术改造传统农业的道路，实现园区与周边地区经济协调、系统的可持续发展。

第二，加大园区产业带动力的建设。产业带动是各类农业园区发展的核心动力，只有完善的产业链条，才能使园区的科技示范、科技转化产生最终的经济效益。"十二五"期间，加强园区产业集聚能力是又一建设重点。首先，要培育适合园区特色的主导产业，这是园区的产业带动和孵化模式的基础。要从实际出发，充分发掘当地资源优势、市场优势、区位优势，因地制宜，立足地方特色，从而形成特色主导产业；其次，要以市场为载体，延长园区产业链，创建资源与市场连接型的产业发展模式，充分利用市场机制，通过园区建设，培育龙头产品和龙头企业，通过技术开发、产品加工、市场销售，延长农业产业链。

第三，加强园区的品牌建设。各类农业园区，本身就是一种品牌，因此要不断提高园区的价值，创造和打造自己的品牌，使园区不断提高经济效益和社会效益，持续发展。而加强品牌建设，一是要提高自身的市场竞争力，积极发展一些技术含量高、市场前景广阔的骨干项目，形成新的经济增长点；二是要加强基地建设，实施标准化生产战略，推动园区现代化建设。通过基地建设，形成规模化和专业化的名牌产品生产，创造品牌效益，增强市场竞争力。

第四，在管理体制和运行机制方面要有新的突破。管理体制和运行机制是现代农业园区可持续发展的支柱。目前，一些农业园区由于在管理体制和运行机制方面很不规范，已经制约了示范作用的发挥，影响了经济效益。因此，建立一个完善的管理体制和运行机制势在必行。因此，要认真总结各类农业园区建设的经验并大力推广；逐步建立和形成各具特色的、适合不同区域发展要求和产业孵化的新模式，大幅度提高农业园区的整体活力。

综上所述，农业观光旅游是农业发展中的一个新兴产业，发展势头十分强劲。未来几年，我国农业观光旅游园区的发展将朝着更高层次发展，农业观光旅游园区的建设将会更加趋向于向生态化、科学化、规模化、品牌化方向发展。

第二章
农业观光温室景观设计的基本理论

在参观各地观光温室及参与设计建设中发现，设计人员往往不能以综合的角度去设计把握整个主题园，使其最终形态与主旨不符，或不符合连栋温室景观表达的客观条件，在后期整个园区运营中功能受限，甚至影响整个园区的发展。本书将相关基本理论作为第二章内容，笔者有意强化对各项理论知识的理解和掌握，改变上述设计中存在的问题，提高行业的设计水平。虽然没有完美的景观设计，但希望温室景观设计随着行业的发展越来越完美和精湛。温室景观设计是一个多理论的综合体现，与园艺设施学、设施园艺学、园林学、生态学、景观美学、旅游心理学、建筑学以及历史、人文、风俗等多项因素息息相关。园艺设施、园艺植物和园艺技术往往是温室景观表达的核心，因此将这些相关理论扩展成章，在第四、六、七章进行介绍，设施园艺学、旅游心理学、生态学、景观美学以及热点话题以小节的形式在本章集中介绍。

第一节　设施园艺学

设施园艺自产生以来给农业带来了巨大的影响，是农业生产的重要方面，与人民生活水平和质量关系密切，也是实现农业现代化的重要途径。目前，人类社会已进入了高科技成为推动社会发展动力的知识经济时代，加之现代都市人们的田园精神需求，设施园艺以其丰富的内涵和高科技含量等特点，越来越彰显出其强大的生命力和广阔的发展前景。

设施园艺（protected cultivation, cultivation under cover）是指在不适宜园艺作物（菜、花、果）生长发育的寒冷或炎热季节，利用保温、防寒或降温、防雨设施设备，人为地创造适宜园艺作物生长发育的小气候环境，不受或少受自然季节的影响而进行的园艺作物生产。

设施园艺是多学科交叉的科学，涉及的内容主要有三方面，即生物科学、环境科学和工程科学。其中，生物科学主要包含生产对象，即蔬菜、花卉和果树等；环境科学包括了光照、温度、湿度、气体、土壤五个方面的主要内容；工程科学即建造出能够满足作物对光、温、湿、气、土五个环境因子需要的设施类型，为作物提供最优的生育空间。

掌握设施园艺学，必须要在掌握设施栽培技术原理的基础上，了解环境条件的调控原理、园艺设施结构、性能变化规律以及相关工程、施工要素。本学科是农业观光温室景观设计和经营的技术基础，需协调各项内容，充分表达观光温室内涵。

一、设施园艺

（一）设施园艺在农业中的地位

设施园艺是一种设施内部各环境因素均可控的农业生产模式，也称作环境调控农业，相对于露地生产模式，设施栽培能不同程度地降低或防止灾害性气候和不利环境条件对农业生产的影响，使园艺作物的生产和园艺产品的供应得到一定保障。由于设施栽培不仅可调控地上部，还能调节地下部根区的根际生态环境，从而较露地栽培大幅提高单位面积产量，并且可以延长生长季节和实行反季节栽培，获得更高的经济效益。目前我国仅蔬菜设施栽培总面积已达 179 万 hm^2，已成为世界设施栽培面积最大的国家，并成为许多省市农业中的支柱产业。

以设施蔬菜栽培为主的设施园艺生产模式在我国实现蔬菜周年供应方面发挥了关键性的作用，尤其是对高纬度地区无霜期短、光热资源不足等不适宜蔬菜生产的地区实现了蔬菜的本地生产，具有特别重要的意义。例如，在东北、西北和内蒙古等地，无霜期 150～200d，露地蔬菜只有夏、秋两茬，而长达 5～6 个月的冬春季节，无法进行露地生产；我国的海拉尔、漠河等地，无霜期不到 100d，即使种一茬喜温蔬菜，也不能充分生长。我国北方地区冬春淡季缺菜相当严重，只能依赖设施栽培、露地储藏加工和南菜北运相结合的方式来保证市场上的蔬菜供应。20 世纪 80 年代以来，我国东北地区率先研究开发了节能日光温室用于设施蔬菜生产。这一技术迅速得到推广和普及，从根本上扭转了我国北方地区冬季蔬菜长期短缺的局面。而地处北回归线附近的我国热带、亚热带暖地，夏季田间的辐射强，病虫害多发，高温、台风、暴雨等灾害性气候频繁发生与不利性环境条件的胁迫，造成夏季蔬菜的生长障碍而出现夏秋缺菜与北方的冬春缺菜同样严重。由于采用遮阳网、避雨棚、防虫网覆盖栽培和开放型的大棚与温室，有效地缓解了南方夏秋淡季蔬菜供应短缺的局面。

设施园艺不仅丰富了我国城乡人民的"菜篮子"，而且也使花卉产业得到了进一步的发展。据农业部统计资料，2000 年我国花卉种植面积达 14.75 万 hm^2，其中设施栽培面积达 1.45 万 hm^2，主要生产高档鲜切花、盆花和苗木，其经济效益往往高于设施蔬菜栽培，温室花木栽培已成为我国许多地区高效农业的支柱产业。

借助园艺设施的不断发展，同时带动设施果树栽培迅速壮大，面积约 2.4 万 hm²，如葡萄、大樱桃、桃等在设施条件下，可提早成熟 1～2 个月，成为增加果农收入的重要途径。农业观光温室就是设施花卉、水果、蔬菜栽培等与景观设计学相结合而产生的观光旅游、娱乐型农业形式，近年来备受关注。

（二）设施园艺在观光温室景观设计中的作用

1. 设施园艺学是观光温室设计和运营的技术基础

目前，观光温室的类型主要有生产依托型、高科技试验展示型、观览休闲型、休闲场所型以及综合型等，不同类型观光温室的主题不同，其园艺生物科学和工程科学因主题不同，所占的权重有所不同。相当一部分观光温室是以设施园艺为载体进行观光旅游的，设施园艺成为设计表达的主体，还有以非设施园艺植物为主题的，但对于现代化农业观光来说，所采用的温室空间环境和园艺植物乃是设计和园区持续运营的技术基础。

2. 园艺生物科学和工程科学本身成为观光温室的表达主题

我国农业观光温室多以植物分类来确定主题，如北京花卉大观园观光温室、山东蔬菜果蔬博览园观光温室、南宫地热博览园温室公园等，基本以生产为依托，旨在表达园艺生物科学和园艺设施结构、性能等。常见的有蔬菜、花卉、果树的品种、新型栽培技术、无土栽培设施以及一些具有高科技性、高展示性的园艺观光产品，如无限生长型西红柿树栽培、空中结薯栽培、太空育种成果、巨型大南瓜以及各类观赏瓜展示等，这些产品本身就是良好的景观，形成园区特色。其园区整体功能、空间、风格都以上述产品的环境和生态需求为主，进行全面的设计，因此掌握设施园艺学相关知识，对温室设计是至关重要的。

二、园艺设施

园艺设施栽培是随着社会的发展和科技的进步，逐步由简单到复杂、由低级到高级，发展成为今日各种类型的栽培设施，满足不同作物不同季节的应用。园艺栽培设施有不同的分类方法：根据骨架材料可以分为竹木结构设施、混凝土结构设施、钢结构设施和混合结构设施；根据设施的用途可以分为生产用、实验用和展览用等几种；根据建筑形式可以分为单栋和连栋设施。单栋设施用于小规模的生产和实验研究，包括单屋面温室、双屋面温室、塑料大小拱棚、各种简易覆盖设施等。

本书所表达的场所主要以连栋温室为主，因为这样的场所条件更能表达观光温室的主题和功能。当然目前也存在和发展了一些包括日光温室，甚至拱棚在内的观光休闲、科技展示等活动，为了更有针对性和此书的系统性，这里对此部分就不阐述了。连栋温室为发展现代农业观光提供了适宜空间，保障了园艺植物更好的生存条件，为形成一年四季的景观奠定了环境基础。

园艺植物本身的遗传特性和外界环境条件的影响决定了园艺作物的生长发育。人们要获得优质的园艺产品，就必须使植物更好地适应自然环境或是使自然环境更好地符合园艺植物的生长发育规律，实现植物与环境的统一。连栋温室设施栽培环境具有以下特点：

（1）由于能够遮挡自然风，可以创造特定的自然环境；

（2）通过遮光设备、补光设备等，可以实现光照环境的调节；

（3）通过对设施内部土壤或空气进行加热或冷却，可以实现气温或地温的调节；

（4）通过向设施内增施二氧化碳，可以提高设施内部的二氧化碳浓度；

（5）通过微喷雾装置，可以提高设施内的湿度。

设施内环境虽然在很大程度上受到外界环境的影响，但与露地栽培存在着本质的区别，它可以使在露地生产中无能为力的对环境因素的调控成为可能，为表达观光温室主题提供了良好的设施环境。在充分了解和掌握设施环境条件和调控技术的基础上，可以充分发挥设施优势，在空间设计、布局以及栽培技术、植物选择上发挥优势，创造出不同设施条件的设计作品。

三、设施园艺栽培

观光温室大部分是以植物为主要形式的，所表达的又大部分是植物本身的魅力，植物的展示往往是从定植开始到开花结实的整个过程，它要表达的不仅是园艺产品本身的美，还包括植物的整体健康状态及生理过程，这是与纯粹的园艺作物栽培有所区别的地方，因此对植物特性的了解需要更加的深入。

（一）设施育苗

我国是最早应用蔬菜育苗技术的国家之一，而且育苗方式多样，如早期的风障育苗、阳畦育苗、酿热温床育苗、电热温床育苗等，并总结出一系列传统蔬菜育苗技术体系，对蔬菜生产的发展起到了很大的促进作用。20世纪80年代以来，农业种植业结构的调整给蔬菜产业的发展带来了契机，蔬菜生产日趋规模化、产业化，新型育苗方式——工厂化穴盘育苗模式得以推广。

工厂化穴盘育苗是以先进的育苗设备结合高档的农业设施，并结合现代生物技术、环境调控技术、信息管理技术等园艺应用技术，将其贯穿整个育苗过程，以现代企业经营的模式来进行优质种苗生产与营销的体系。

（二）设施蔬菜

目前中国蔬菜设施栽培的面积占设施总面积约95%。蔬菜设施栽培属于高科技的高效集约型农业生产模式，要求将现代化的栽培管理技术结合企业的经营管理技术，以高投入、高产出为目标。其主要特点：一般都能实现半封闭式或全封闭式的环境调控，有利于创造蔬菜作物最适的生长发育环境条件，实现优质高产的目的。由于能够实现周年的避雨和温度的调节，设施的土壤水分管理、通风换气、冬季加温保温、夏季防止热蓄积等都要求精细集约的管理技术。在全封闭式环境调控条件下，可利用物理防治技术、生物防治技术来防治病虫害，减少农药的施用量，以利于环境、生态的和谐发展。设施蔬菜栽培季节长，复种指数高，对于长季节栽培的果菜类如甜椒、茄子、西红柿、黄瓜等，栽培技术的关键就是要保持营养生长和生殖生长的平衡。蔬菜的设施栽培可实现周年生产，同时，不同的季节要选择与环境相适应的品种以适应不同的外部气候条件，防止生长障碍的发生和投入成本的增加。

（三）设施花卉

与其他园艺作物不同，花卉是以观花、观叶、观果等为主，它主要是为了满足人们内心对于美的追求，因此生产高质量的花卉产品是花卉产业的最终目标。

观光温室涉及花卉部分的，有几种形式，一是以生产为主兼有观光的性质，这样可以展示植物的整个生理过程和生产技术；还有的是展销类型的观光温室，主要是以成品或半成品作为效果进行表达，这种类型主要是表达植物的某个生理阶段，对技术要求相对不严；应用最多的是综合型温室，花卉在这里起到的是环境营造作用，这种形式对技术要求也相对不严。但不论是哪种类型，对花卉还是要有基本的认识和了解，需要说明的是生产兼观光的温室需要专业人员进行设计。

（四）设施果树

露地果树栽培是在自然气候条件下进行生产的一种栽培方式，由于完全受自然环境和气候条件的支配，其生长和收获受到很大限制，不能完全满足市场的需求。随着人们生活水平的不断提高，对水果消费的要求日趋高档化、多样化，在时间上也逐渐由季节性转为周年性。因此，果树进行设施栽培，既可让人们认识和了解果树植物，又可满足人们的需要，让人们在非上市供应时间感受果品的新鲜。

设施果树栽培，是人工利用保护设施，如塑料拱棚、日光温室、连栋温室等，在不能生产或生产量很低的季节创造适合果树生长发育的条件（包括光照、温度、水分、空气等），从而实现优质果品生产，显著提高果树的经济收益。同时通过设施栽培提高抵御自然灾害的能力，防止果树花期的晚霜危害和幼果发育期间的低温冻害，还可以极大地减少病虫鸟等危害。目前，果树设施栽培的理论与技术已成为果树栽培学的一个重要分支，并已形成促成、延后、避雨等栽培技术体系以及相应的栽培模式。

（五）无土栽培

无土栽培技术是指不用天然土壤，而用营养液或是营养液结合混合基质栽培作物的方法。实践证明，无土栽培系统可以代替天然土壤向作物提供良好的水、肥、气、热等根际生长发育的环境条件。无土栽培已经成为设施园艺中一种省工、省力、能克服连作障碍的新型实用技术和实现工厂化高效农业的一种理想栽培模式。

目前，景观温室展示的无土栽培模式主要包括营养液栽培模式和基质栽培模式。其中营养液栽培模式也称为水培模式展示，主要包括浮板毛管水培模式、营养液膜水培技术、管道水培技术、雾培技术等；基质栽培模式包括管道槽式基质栽培模式、箱式基质培栽培模式、袋培基质培模式等。

农业观光温室作为农业经营的特殊形式，伴随着时代社会发展和科技进步，其意义日渐增加。农业观光温室景观设计需要按照设施园艺学知识，从设施环境、功能、结构、形式等方面考虑景观营造，使之既富有农业特色，又有景观功能。

第二节　旅游心理学

影响旅游观光的因素有多种，一般情况主要是人为因素，包括旅游资源的开发和利用，政府、地方及企业的积极性，旅游设施的完善，特别是旅游服务质量，而这些都体现着人的心理因素。旅游心理学的研究对象主要是旅游者、旅游服务人员和旅游企业管理人员。探索旅游心理方面的内容，在旅游产品的开发、设计和实施等环节都具有极其重要的意义。本节主要对与温室景观设计阶段关系密切的旅游心理动机、感知等方面做了浅显的叙述，旨在抛砖引玉，感兴趣的读者可以从旅游心理其他方面深入全面地了解，使温室观光旅游的发展不断前行和完善。

一、旅游动机

（一）需要、动机和行为

需要是个体对外在环境的客观需求在大脑中的反映，也是缺乏某种东西时的一种主观状态，它是客观需求的反映，以意向、愿望的形式表现出来，这种客观需求既包括人体内的生理需求，也包括外部的、社会的需求。它们在演化为心理现象之后，表现为需要，最终导致推动人进行活动的动机。动机，是在需要的基础上产生的，激励和维持人的行动，并将使行动导向某一目标，以满足个体某种需要的内部动因。内在条件是指需要，其使人产生欲望和驱力。人的行为受到以下两方面的影响，个体内部特征和外部环境，随其本人的主观因素（包括心理因素和生理因素）和所处的客观环境（包括个人社交环境、商业环境、群体和社会）因素的变化而变化。

　　动机和需要有紧密的联系。在需要的基础上产生动机，但动机又不等同于需要。只有需要到达一定程度，才能成为推动或组织某种活动的内在动力。人的动机是产生行为的直接心理动因，人的需要是引发动机的原因。

（二）旅游需要、旅游动机和旅游行为

　　旅游需要是人们有旅游需求并在旅游活动中的一种反映。旅游需要的产生，受到经济、时间和社会这三方面因素的制约。旅游动机是使人处于积极状态并推动人们进行旅游活动，以达到一定目标的动力。旅游动机的产生必须具备两个方面的条件：一个是个体内在条件，即旅游需要；二是外在条件，即刺激。

　　旅游动机和旅游需要是互相联系而又密不可分的，人们的旅游动机都是为了满足多种多样的旅游需求。旅游动机的实质是旅游需要，但不能把二者等同起来，二者之间的转化是有一定的条件的。旅游的需要转化为旅游动机，就必须达到某种条件（满足某种旅游需要的对象为条件），之后才能使潜在的某种旅游需要状态转化成积极活跃的状态。满足了这个条件之后，旅游的需要才能转化为旅游活动的动机。一旦旅游动机形成，它就可以推进人们的旅游行为，把行为指向特定的方向、预期的目标，并保持和发展人的旅游行为，使之达到满足旅游需要的目标。因此，也就是说旅游动机是在旅游需要的刺激下直接推动人去进行旅游活动的内部动力。

（三）农业旅游动机

　　人类从不否认自身对大自然的热切向往，农业作为"第二自然"，拥有最多的自然资源。自从城市成为大众生活的主体环境，许多人失去了与农业亲密接触的机会，对农业环境的体验需求和农耕文化及耕作收获的体验需求最终导致推动人进行农业旅游的动机。农业观光温室其本质是一种可以满足人们对上述需求的旅游产品，是实施现代农业文化教育的理想场所。在温室内观菜赏果，感叹科技对人类生活的影响，感受和谐舒适的游赏空间，使人达到多层次的景观体验。

二、旅游知觉

　　知觉是人脑对直接作用于感官的客观事物整体属性的反映。知觉的分类方式有多种，根据对知觉起到主导作用的感官特性，可以把知觉分为视知觉、听知觉、触知觉、嗅知觉和味知觉等，根据人脑反映的事物特性，可以把知

觉分为空间知觉、时间知觉和运动知觉等。旅游知觉是旅游者在旅游这个特殊的活动中所形成的知觉，它是旅游者主动寻找、接受信息，并在一定的结构中进行信息加工的心理过程。实践表明，旅游决策、对旅游景点的印象、具体旅游活动的安排以及旅游需要满足与否的评价，都与旅游者的知觉心理特点有密切的关系。

旅游知觉主要有四方面特点，即旅游知觉的整体性、旅游知觉的选择性、旅游知觉的理解性和旅游知觉的恒常性。

（1）整体性　知觉的整体性是指人们在知觉客观事物时，总是把事物的不同部分和属性综合起来作为一个整体来反映。知觉的整体性使人们对客观现实的反映更趋向于完善全面从而保证认知活动的有效进行。

（2）选择性　知觉的选择性是指人在知觉客观事物时，总是有选择地把少数事物当成知觉的对象，而把其他事物当成知觉的背景，以便更清晰地感知一定的事物与对象。简而言之，知觉的选择性就是将知觉的对象从背景中分离出来的特性。在旅游过程中，并非每件事情都是我们感知的对象，需要我们人为地将其分为感知的对象和背景。在这个过程中受到多种因素的影响，如对象的新颖性、与周边背景的差异性、对象的动态变化性、旅游对象的知识与兴趣等。

（3）理解性　人在知觉过程中，往往会结合自己的知识和经验，对知觉的对象进行解释，即知觉的理解性。

（4）恒常性　在旅游活动中，旅游知觉的客观条件在一定条件下会生改变，而旅游者所获得的知觉形象在相当程度上保持着它的稳定性，这就是旅游知觉的恒常性。如颜色、大小和性状的恒常性。

为了让旅游者深入地感知和理解产品的内涵，要注重知觉的特点，从知觉的特点出发，针对不同的对象群体特征而不同对待。需要注意的是，农业的观光项目，特别是科技观光类，参观者往往不能深入理解感知对象，这时候就需要我们在设计的时候，借助其他手法如引导深入、分解展示、景点介绍牌、语音系统或导游来实现对其更多的了解和认识，调动旅游者的兴趣，创造符合人们旅游心理，具有一定趣味性、文化性、安全性的景观环境，使人达到舒适、愉悦、流连忘返的意境。

第三节　景观与景观生态学

一、景观

景观一词具有多重含义。首先，在园林学科中，景观一般指具有审美特征的自然和人工的地表景色，意同风光、景色、风景；其次，在地理学中，景观被理解为包含着土地在内的地理空间的概念，或者说是一定区域内由地形、地貌、土壤、水体、植物和动物等所构成的综合体。本书中所涉及的景观概念基本上采用园林学科中所做的定义，具体而言就是具有现代农业特征和经济、生态、美学价值的人工景色。

20世纪30年代，德国植物地理学家Troll提出了景观生态的概念，从此景观被引入生态学领域。美国景观生态学家R. T. T. Forman将景观定义为"由一组相类似方式重复出现的、相互作用的生态系统所组成的异质性区域"。在此景观成为生态系统的复合体，是基于人类范畴基础之上的特定区域，并且具有一定空间尺度可识别的成分构成，各个生态系统之间存在着相互作用，并受到大致相同的地貌和同一气候的影响以及自然与人为的干扰。地理学与生态学对景观的定义区别并不严格，不同的是地理学强调景观是属于地表的一部分自然综合体，而生态学中则着重景观是由生态系统所组成的异质性区域。

目前，对于景观的理解趋向于综合性。我国著名景观生态学家肖笃宁将景观概念综合表述为：景观是由一个土地单元镶嵌组成，具有明显视觉特征的地理实体，它处在生态系统之上、大地理区域之下的中间尺度，兼具经济、生态和美学价值。

二、景观生态学中的重要概念

肖笃宁将景观生态学的核心概念总结为：景观系统的整体性和景观要素的异质性；景观研究的尺度性；景观结构的镶嵌性；生态流的空间聚集与扩散；景观的自然与文化性；景观演化的不可逆性与人类主导性及景观价值的多重性。

（一）景观系统的整体性和景观要素的异质性

景观系统是由景观要素有机联系在一起的复杂系统，并且具有相对独立的功能特性和明显的视觉特征，是具有明确边界、可辨识的地理实体，并具有地表可见景象的综合与某个限定性区域的双重含义。异质性是系统或系统属性的变异程度，在景观尺度上空间异质性包括空间组成、空间构型和空间相关三个部分的内容（Pickett），景观由异质性要素组成，景观异质性一直是景观生态研究的基本问题之一（伍业纲），因为抗干扰能力、恢复能力、系统稳定性和生物多样性均和异质性密切相关。景观格局是景观异质性的具体表现，可运用负熵和信息论方法进行测度。

（二）景观研究的尺度性

景观和景观要素两个概念是相对的，并且两者在一定条件下是可以相互转换的。景观强调的是异质镶嵌体，而景观要素强调的则是均质同一单元，景观和景观要素之间的转换反映了景观问题和时间空间尺度密切相关。

在生态学研究中，空间尺度是指所研究的生态系统的面积大小或最小信息单元空间分辨率水平，而时间尺度是其变化的时间间隔。

（三）景观结构的镶嵌性

镶嵌性是在自然界普遍存在着的，即一个系统的组成在空间结构上是相互拼接而构成整体。梯度和镶嵌是景观和区域空间异质性的两种表现形式。

（四）生态流的空间聚集与扩散

生态流，是指生物物种与营养物质以及其他物质、能量在各个空间组分间的流动。这些流受到景观格局的影响，分别表现为聚集与扩散，属于跨生态系统间的运动，以水平流为主。它需要通过克服空间阻力来实现对景观的覆盖与控制。物质运动过程同时伴随着一系列能量转化过程，斑块间的物质流可看作是在不同能级上的有序运动，斑块的能级特征由其中的空间位置、物质组成、生物因素以及其他环境参数所决定。景观空间要素间物种的扩散与聚集、矿质养分的再分配率通常与干扰强度成正比。穿越边缘的能量与生物流随异质性的增大而增强。

景观的边缘效应对生态流有重要的影响，景观要素的边缘部分可起到"半透膜"的作用，对通过它的生态流进行过滤。在相邻景观要素处于发育期时，可随时间转换而起到"源"和"汇"的作用。

（五）景观的自然性与文化性

景观不仅仅单纯的是一种自然的综合体，而且往往融入人类不同的文化色彩，因而在欧洲很早就有自然景观和文化景观之分。因此，按照人类活动对景观的影响程度可划分出自然景观、管理景观和人工景观。目前，人工自然景观或人工经营景观成为主体，而纯自然景观日益减少。对于这两大类景观而言，生物活动（生物多样性与生物生产力）是景观系统最重要的特征。这两大类景观的稳定性取决于潜在能量或生物能、抗干扰水平与恢复力。

（六）景观演化的不可逆性与人类的主导性

景观系统如同其他自然系统一样，其时间反演不对称，宏观运动过程不可逆，它通过开放从周围环境引入负熵而向有序方向发展。景观具有分形结构，其整体与部分常常具有自相似嵌套结构特征，系统演化遵循从有序到混沌的循环法则。

由于人类活动的影响具有普遍性和深刻性，对于作为人类生存环境的各类景观而言，人类活动对于景观演化起到主导作用，实现景观的定向演变和可持续发展可以通过对变化方向和速率进行调控。

景观破碎化与土地形态的改变是人类活动对生物圈持续作用的重要表现。

景观破碎化包括斑块数目、形状和内部生境的破碎化三个方面，在导致生物多样性降低的同时也会影响到景观的稳定性。通常，把人为活动对于自然景观的影响称为干扰，对于管理景观的影响由于其定向性和深刻性则应称之为改造，而对人工景观的影响更具决定性作用的，称之为构建。在人和自然界的关系上有着建设和破坏两个侧面，共生互利才是方向。应用生物控制共生原理进行景观生态建设，是景观演化中人类主导性的积极体现（景贵和）。所谓景观生态建设是指一定区域、跨生态系统、适用于特定景观类型的生态工程，其基本手段是景观单元空间结构的调整和重新构建，改善受威胁或是受损生态系统的功能，提高其基本生产力和稳定性，将人类的活动对于景观演化的影响导入良性循环。

（七）景观价值的多重性

景观作为一个由不同土地单元镶嵌组成，具有明显视觉特征的地理实体，兼具经济、生态和美学价值，景观规划和管理的基础是多重价值判断。景观的生态价值主要体现在生物的多样性与环境功能等方面；景观的经济价值主要体现在生物生产力和土地资源开发等方面；景观美学价值是个范围广泛、内涵丰富的问题。

管理和发展的基础是价值优化，景观规划和设计应以创建宜人景观为中心。其包含以下内容：生态稳定性、景观通达性、建筑经济性、环境清洁度、空间拥挤度和景色优美等。景观设计特别重视景观要素之间的空间关系，如密度和容量、连接和隔断、形状和大小、区位和层序等。

景观生态学对于农业景观规划设计的意义在于依据其原理探求生态农业景观特征及其意义，进而创建可持续发展的生态农业景观体系。

第四节 景观美学理论

一、基本概念

美学是以对美的本质及其意义的研究为主题的学科，是哲学的一个分支。德国哲学家亚历山大·戈特利布·鲍姆加登《美学》（*Aesthetical*）一书的出版标志了美学作为一门独立学科的产生。美学的认知是人类理性与感性共同作用的结果，是认识客体的美学本质。

景观美学具有三个特征，其一，具有独立性。景观美学在研究观赏客体的审美特征和观赏主体的审美心理的同时还涉及两者对立统一所构建的景观审美意境。其二，具有综合性。景观美学是从总体层面的角度研究景观的审美问题。其三，兼具理论性和应用性。围绕景观审美的基本问题，把直观的、感性的、实践的审美经验上升和发展到审美理论的高度，构成科学的审美理论体系，并运用审美理论指导景观审美实践，解决景观建设和保护、利用和观赏、管理和发展中所提出来的带有普遍一般性的审美问题。景观美学较为注重理论研究。

二、景观美学的基本原则

景观美学的理论建构中应该始终体现功能性、艺术性和生态性相统一的原则。这是从景观设计与景观规划艺术本身发展的特点和规律提出的要求，同时也是适应当今城市化进程中应该尊重自然保护环境，走可持续发展之路的需要。

（1）功能性原则　景观设计与景观规划，首先是科学，然后才是艺术和美学。在充分尊重科学规律的前提下，还必须指出景观美学中功能性因素的重要性。从景观规划设计的角度来看，评价景观设计的优劣，不只是在于环境优美与否，更为重要的是这个景观的设计和规划是否首先解决了功能的问题，是否形成了适宜的场所感，使用上是否方便舒适，与周围环境是否和谐，土地资源的开发利用是否合理等问题。景观规划的使用功能存在于各类景观设施本身，它直接向人们提供便利、安全、保护、信息等服务。

（2）艺术性原则　卡尔普纳认为，艺术不能提供任何知识层面的意义（Intellectual meaning），艺术只以美为对象。这个论断同样适用于对景观规划的美学评价，景观设计的一个非常重要的因素就是艺术性因素。而附着在景观规划之上的民族风格和文化特色，往往蕴涵在我们对形式观念提出的解读之中。马克思所说："社会有机体制本身作为一个总体有自己的各种前提，而它向总体的发展过程就在于：使社会的一切要素从属于自己，或者把自己缺乏的器官从社会中创造出来。"这个观点同样适用于景观设计与规划，各种文化传统和地域文化都可以作为要素"从属于自己"，而在此基础上，不断地创造、更新、发掘出新的艺术意蕴也正是景观设计与规划美学走向成熟和深刻的必由之路。

（3）生态性原则　当前景观规划中一个焦点问题是生态问题。在景观设计中，环保主要体现在人与自然的亲和及绿化等方面。景观设计的生态性原则还应该体现在节约上。英国人 Hackett 曾指出："在针对景观规划这样大面积地区的规划领域，日益注重对生态学基础的需要是一件令人鼓舞的事实，但接受生态学原则是一回事，而将其付诸实践又是一回事。"

此外，设计适度性原则、文化传承性原则、地域化原则等也均是在当代审美文化与和谐社会的城市文化建设实践的有机体中多层次、多方位、动态地提升景观美学的理论建构水平和现实审美价值的重要原则。

三、植物景观的美学探析

植物是反映景观类型的代表性元素之一，也是表达地域性自然景观的指示性要素。植物景观设计能保证生态可持续性发展，并使环境具有美学欣赏价值、日常使用的功能。因此，植物景观设计成为现代园林景观中最重要的设计内容之一。

1. 美学在植物景观设计中的体现

现代植物景观设计是追求植物形成的空间及尺度，以及反映当地自然条件和地域景观特征的植物群落，尤其着重展示植物群落的自然分布特点和整体景观的美感。因此，美学渗透于植物景观设计之中，通过客观条件的理性分析与植物景观设计师主观的感性认识贯穿于整个植物景观设计过程中，通过不断的实践和反复的思考，逐步体会到植物景观设计的本质，并逐渐摸索出植物景观设计中的一般审美规律。

2. 植物景观营造的主要美学原理

植物是建筑与构筑物空间塑造及划分的重要组成部分，构筑物构成硬质景观，而植物是软质景观部分。植物景观不但可以净化、美化环境，植物景观本身也具有独特的魅力。在植物景观设计中，巧妙地运用线条、空间感、质感、颜色、风格等美学原理是创造美景的有效途径。

第五节　创新与环保理念

一、农业观光温室景观设计创新理念

1. 强调农业观光温室休闲景观的参与性

所谓参与，就是让游客走到里面来，让身体直接与景观接触，并成为景观的一部分。初期农业观光温室休闲景观设计，最常使用的营造手法就是修建假山流水、种植热带植物、铺陈绿草如茵的地被，保证四季鲜花开放或四季常绿。而从单纯满足观赏性的休闲景观到参与性强的休闲景观是农业观光温室休闲景观设计的必然趋势。在用植物墙围合的小空间中品茗洽谈，在水雾弥漫、绿植环绕的温泉中浸润身心，设置拍照留念的特殊小品等，都可以增加游客与温室内景观的参与性。这样的景观设计，既起到装饰美观效果，又起到参与活动效果，更人性化，更能丰富游客的体验。

2. 提升农业观光温室科技景观的推广应用价值

农业观光温室科技景观设计一方面向大众展示了现代农业发展的多元化和对未来农业的憧憬，一方面展示了农业科技工作者和园艺景观设计师在农

业领域的探索和创新。目前科技景观形式多采用多样化的植物栽培方式和技术支撑，特别是一些造型美观、独具特色的立体栽培方式。农业观光温室科技景观作为一个平台，应该在景观形式和技术上推陈出新，向着空间花、机械化、自动化和工厂化的方向努力，使农作物产量和品质得到提升。

二、农业观光温室景观设计环保理念

环保即环境保护，是指人类为解决现实的或潜在的环境问题，协调人与环境的关系，保障经济社会的持续发展而采取的各种行动的总称。环境保护的手段和方法可以从多方面出发，如工程技术的、行政管理的、法律的、经济的和宣传教育的等。

随着城乡建设对景观设计的认识越来越深入，绿色生态和低碳环保型城乡发展思路已经得到确认，低碳环保型景观是大势所趋。建设适宜的观光游览环境是景观设计师的责任，低碳环保型景观设计也将成为农业观光温室绿色设计的重要环节，应该抓住机遇，把握设计与施工中的任何一个环节，争取低碳、低能耗、环保。在农业观光温室景观设计这一点上，从温室建设阶段开始就应该从环保低碳理念出发，在温室结构选材、动力运营方式、管理维护成本等方面做好调查研究与用地适宜性分析。在景观设计阶段，设计师应该彻底调查和了解该观光温室的使用群、年龄阶段和使用频率；注意植物本土化种植，以提高成活率和景观植物的适应性；特别在温室内水体的循环与利用方面下工夫，尽可能全方位地多环节考虑，以降低能耗，真正达到营造低碳环保景观的目的。

第三章
农业观光温室景观设计方法与流程

　　现代农业观光温室景观设计是在温室内，通过人为对环境调控以利于室内各类植物生长发育，建成一块块、一组组不同景观的过程。这些景观的设计并不是以独立的、单一的形式出现的，而是使它们之间存在一定的内在或外在联系，力争在景观配置上表达出一定的意境，达到景与人的共鸣。例如，利用不同区域的色彩变化影响观光者的心境，达到设计者的设计目的；利用层叠效应等设计方式，增强游者的距离感，使有限的空间产生广阔的效果。如今随着科技水平的不断发展和东西方文化的交融，设计理念日新月异，建筑工艺种类繁多，设计类型多种多样，形式构造千变万化，利用这些丰富的资源，设计者们按照投资方的要求，在温室这个特定环境下将各种景观进行有机的组合和有计划的布局，创造出一个和谐完美的整体环境，满足其用途和功能。

　　人们在游览温室景观时，在审美上要求欣赏各种风景，并从中得到美的享受，然而随着社会的进步，一座座现代化温室拔地而起，农业生产种植模式也已经发生了天翻地覆的变化，因此，欣赏具有农业特征的景观已经成为其中很有价值的一部分，还有很大的方面是对新技术的了解和学习，对各种休闲放松场所的享受，以及身处其中感受各种景观意境和不同的休闲服务方式。这些景观和休闲空间大多数是人工建造的，如亭、廊、榭、温泉等各种建筑小品，以及在其中搭配各种不同栽培方式种植的植物——如何把这些景观有机地结合起来，创造出一个既完整又开放的优秀景观，是设计者在设计中必须注意的问题。以上是观光温室景观的一些设计基调，但如何来完成和实施确是我们要进行系统研究的。各种项目的规划设计都不是盲目的、异想天开来完成的，他们都需要经过由浅入深、由易到难、从粗到细、不断完善的过程，观光温室内的景观设计也不例外。景观规划者首先应进行基地调查，熟悉物质环境、社会文化环境和视觉环境，然后对所有与规划设计有关的内容进行概括和分析，最后拿出合理方案，完成设计。这种先调查再分析，最后综合设计的过程可划分为五个阶段：任务书阶段、概念方案设计阶段、方案设计阶段、详细设计阶段、施工图设计阶段。

第一节　任务书阶段

项目准备设计阶段，景观设计师应充分了解设计委托方的具体要求和意向（设计任务书），如对设计所要求的造价和时间限期、国家和地方的相关政策和扶持力度等内容。这些内容往往是整个设计的根本依据，从中可以确定哪些值得深入细致地调查和分析，哪些只要做一般了解。

设计任务书具体说明的项目：

（1）温室的主题定位，即观光温室在项目区系统中的地位、作用及其服务半径、使用效率、服务对象等；

（2）温室条件，包括温室位置、面积、方向、结构、材质及其内部设施状况等；

（3）温室的环境调控能力，包括温室温度、湿度、光照、气调等调控范围以及极端天气的环境状况；

（4）景观规划布局及在风格上的特点要求；

（5）景观建设进度要求；

（6）总体投资估算；

（7）施工和卫生条件要求；

（8）其他要求等。

要深入理解设计任务书中的每项内容，并与甲方充分接触沟通，了解设计目的，这样才能为后期的方案奠定基础，形成优秀的设计作品。

第二节　概念方案设计阶段

把握了任务书的内容之后，初步设计阶段要求根据甲方所给基础资料，进行现场调研和环境分析，并结合同类型设计项目，进行概念方案设计，确定总体风格和方案的功能特点、主要设计手法及意向图片，完成成本估算，与甲方进行沟通，以达成共识。现场调研和环境分析的主要内容包括以下几个方面。

一、现状调查

温室场地：温室的位置、出入口、面积、结构、材质及其内部设施状况等。

温度：了解温室环境设计指标，即温室可实现的温度范围，同时，还需要了解当地气候状况、历年最低温度和最高温度，以及在极端条件下温室可实现的温度条件，方便设计时综合考虑，防止日后植物选择与环境冲突，造成损失。

光照：确定该地区年光照平均强度、平均日照时间，以及温室内光照条件和调控范围。

土壤：土壤的环境状态，包括土壤的物理化学性质、土层厚度、地下水位、土壤污染状况、病虫害等。

能源供给：主要涉及水源、水质、供暖系统、降温系统、供电系统等。

管线设备：供水、排水管、电缆、电力线、电信线等的位置及它们的地面高度、地下深度、走向等。

二、环境条件调查

温室周边道路系统状况：主要影响温室整体道路系统和游览设置，需确定好内部与外部整体一致的交通网络。

周边景观特点：四周有无可利用的自然景观或其他景观等，可与连栋温室内外布局相结合，开辟视觉廊道，作为借景。

项目区整体发展规划：了解观光温室所在园区的总体规划和开发战略，突出温室景观特色，利用园区的整体发展和运营。

场地文脉调查：包括所在地区的农业发展历史概况、建筑及文化历史概况、重要的历史事件和历史元素等。

周边旅游环境情况：包括已有、待建和规划中的旅游园区、公园等类似产品业态、目标市场状况和特点等。

三、设计条件调查

温室现状图：根据温室面积大小，提供或测绘比例尺为 1：1000 或 1：500 范围内的地形图和总平面图。图纸应标明设计范围、温室范围内的标高和四周环境情况等。如设计区内已有设施或景点，则需提供局部放大图，比例为 1：200 或 1：500，一般要求与施工图比例相同，主要标明尺寸、位置、材料及风格等。

四、现场考察

无论温室内景观设计面积大小，或设计样式的不同形式，设计者都必须亲临现场进行详细考察。一方面，要核对、补充所收集的图纸资料；另一方面，设计者在考察过程中，要增加对温室整体的感性认识，并根据周围环境条件，进入艺术构思阶段。特别对温室内那些可利用的物体，在规划过程加以适当处理。根据情况，如面积较大、形状较复杂，有必要的时候，考察工作要进行多次。现场考察的同时，拍摄一定的景观温室内现状照片，为设计时做参考。

五、调查资料的分析整理

资料的选择、分析、判断是设计的基础。把收集到的上述资料加以整理，从而在上位规划方案指导下，进行分析，判断出项目必需的以及可能的功能要求和内容。

六、概念方案立意、提炼主题与平面布局

立意就是设想设计的根据、出发点。一般从调查资料分析整理的结果、功能分析结论、设计者的喜好和文化含义的考虑等方面进行立意；立意的方法多种多样，一般可以从农业科技、农业品种种类、当地历史风情、生活或设计理念、功能、技术材料等角度出发立意。农业观光园景观主题的设定要鲜明，并与立意、基地条件、服务对象的特点相协调，并要有较好的文化品位，有现代农业的鲜明特色。

依据基地条件、功能要求、立意和主题对温室景观进行粗略布局，要求功能合理、主次分明，符合既定风格特点的要求，空间层次丰富、清晰，满足农业技术的要求。

第三节　方案设计阶段

一、方案设计说明

方案设计阶段是在概念设计的基础上，确定景观整体布局及其各部分硬质、软质景观方案，具体而言需要对地形的调整、景观节点的设计、农业科技展示项目的形式，以及蔬菜、果蔬、花卉、热带主题植物、配饰植物的栽植都有较详细的图纸方案。

二、图纸

景观图：观光温室内主要景观设计图和效果图，一般比例为 1:100 ~ 1:300 即可。

现状图：连栋温室现状 CAD 图纸，包括连栋温室内各类设施及水电路等施工图纸，比例 1:50 ~ 1:500。根据已掌握的各种设计方案资料，经分析、整理、总结后，在满足主题表达与温室条件相互匹配的条件下，进行单空间或多空间布景。

景观分区图：根据任务书要求和温室景观设计的原则，分析温室的空间布局与功能分区。对景观设计项目要调查分析区内人群的活动规律及需要，确定不同的功能区域，各分区应满足不同的功能要求，用示意说明的方法，使其功能、形式、相互关系得到体现。

方案设计图：设计图比例 1∶500、1∶300。主要标明各边界线、功能分区活动内容、种植类型分布、景观分布，以及水系大小和容量、水底标高、水面、铺装、山石、栏杆、景墙等。

三、设计概算

景观设计项目还要对建设项目的投资进行概算。设计概算是对景观中植物和各种景观设施建筑造价的初步估算。它是根据总体设计所包括的建设项目与有关定额和甲方投资的控制数字，估算出所需要的费用。

概算有两种方式。一种是根据总体设计的内容，按总面积的大小，凭经验粗估；另一种方式是按整个温室内工程项目和工程量分项概算，最后汇总。

第四节　详细设计阶段

详细设计是根据已批准的规划大纲或初步设计编制，再根据甲乙双方共同商讨结果，对方案进行修订和调整的过程。详细设计所需研究和决定的问题与大纲或初步设计相同，不过是更深入、更精确的设计，包括确定准确的形状、尺寸、色彩和材料，完成各局部详细的平面图等。

一、平面图

规划项目的平面图包括温室周边环境详图、温室功能分区图、道路规划图、水系统规划图、景观规划图和给排水、电力规划图等。

设计项目平面图主要包括分区图和详细设计平面图。首先，根据景观的不同分区，划分若干局部，每个局部根据总体设计的要求，进行局部详细设计。一般比例尺为 1∶100，等高线可选为 0.1m、0.2m、0.3m 等，用不同等级粗细的线条，画出等高线、园路、水池、草地、立体栽培设施、花坛、花卉、山石、雕塑等。详细设计平面图要求标明设施和景观平面、标高及与周围环境的关系，还有道路的宽度、形式、标高，以及假山、水系、雕塑、园林景观的大小和造型等。

二、局部种植设计图

在总体设计方案确定后，着手进行局部景区、景点的详细设计，同时，要进行 1∶100 的种植设计工作。一般 1∶100 比例尺的图纸上能准确地反映乔木的种植点、栽培数量、树种，但一般是在大型高举架的温室。其他种植类型，如花坛、花镜、立体栽培、草坪等的种植设计图可选用 1∶50 比例尺。

三、横纵剖面图

为更好地表达设计意图，在方案局部最重要部分，或局部地形变化部分，画出断面图，一般比例尺为 1∶10 ~ 1∶20。

第五节　施工图设计阶段

在完成局部详细设计的基础上，才能着手进行施工设计。施工图设计阶段是将设计与施工紧密连接起来的环节。该阶段，根据所设计的方案，结合各工种的要求分别绘制出能具体、准确、细致地指导施工的各种图样，这些图样应能清楚、准确地表示出各项设计内容的尺寸、位置、形状、材料、种类、数量、色彩以及构造和结构，完成各种施工图纸。

一、图纸规范

图纸要尽量符合国家建委的《建筑图纸标准》的规定。图纸尺寸如下：1 号图 594mm × 841mm，2 号图 420mm × 594mm，3 号图 297mm × 420mm，4 号图 297mm × 210mm。4 号图不得加长，如果要加长图纸，只允许加长图纸的长边，特殊情况下，允许加长 1 ~ 3 号图纸的长度、宽度。通常情况下，观光温室采用 2 号图纸或 3 号图纸即可。

二、施工设计平面的坐标网及基点、基线

一般图纸均按连栋温室实际 CAD 图纸明确出设计项目范围，由于连栋温室通常有固定的跨度和开间，所以一般以连栋温室原 CAD 坐标网为施工放线的依据。一般连栋温室坐标网跨度为 8m、9.6m、10.8m，开间为 4m，从基点、基线向上下、左右延长，形成坐标网，并标明横纵的字母，一般用 A、B、C、D……和对应的 A′、B′、C′、D′……英文字母与阿拉伯十位数字 1、2、3、4……和对应的 1′、2′、3′、4′……从基点 0、0′坐标点开始，以确定每个方格网焦点的横纵数字所确定的坐标，以此作为施工放线的依据。

三、施工图纸要求内容

图纸要注明图纸、图例、指北针、比例尺、标题栏及简要的图纸设计内容说明。图纸要求字迹清楚、整齐，不得潦草；图面清晰、整洁，图线要求

分清粗实线、中实线、细实线、点划线、折断线等线型,并准确表达对象。

四、施工放线总图

主要标明各设计景观或区域之间具体的平面关系和准确位置。图纸内容应与温室实际状况相互协调统一,利用温室的结构场地特点,包括设计的地形等高线、标高点、水体、山石、建筑物、构建物的位置、道路、亭桥、植被设计的种植点、雕塑等全园设计内容。

同时,本阶段需编制施工设计概算。它是实施工程总承包的依据,是控制造价、签订合同、拨付工程款项、购买材料的依据,同时也是检查工程进度、分析工程成本的依据。预算包括直接费用和间接费用。直接费用包括人工、材料、机械、运输等费用,计算方法与概算相同。间接费用按直接费用的百分比计算,其中包括设计费用和管理费。设计方还需附有施工设计说明书,说明书的内容是初步设计说明书的进一步深化。说明书应写明设计的依据、设计对象的各个位置、景观设计的基本情况、各种附属工程的论证叙述、景观建成后的效果分析等。

第六节 后续补充阶段

一、论证阶段

在温室规划设计完成后要再召集相关部门、相关人员召开会议,听取部门和相关人员的意见,并反馈至设计单位做出相应答复和修改。之后,召开相关企业、部门、专家学者组成的论证会,对项目做出全方位的评价,设计单位根据论证意见修改或重新规划设计,通过论证并修改的最终成果交甲方审查。

二、实施阶段

经过批准的规划建设项目就可以进入实施阶段,规划项目由政府或投资方实施,规划中的重大项目也可以通过招投标或引资方式实施。

三、管理维护阶段

建成后的景观项目还要有专业的管理部门管理维护,这一工作直接关系到景观价值的体现与持续。

现代农业观光温室要求既能够对各种环境要素实现综合控制，达到适宜作物生长发育的要求，又能满足园林景观中观光旅游的观赏性、整洁性、便利性的要求。现代农业观光温室要求"创造自然"的保护设施形式与园林造景艺术相结合，其中的设施设备包括：①温室内的栽培设施，如树状栽培架、管道栽培设施、营养液池、营养液循环设备等；②温室固有的环境调控设备，包括加温系统、保温系统、降温系统、CO_2 施用系统、强制通风系统和自然通风系统、补光或遮阳系统、供肥供水系统、排水集雨系统、防护系统（防虫网、除雪设备）、动力系统、控制系统等；③园林造景中的商业服务设施、休闲娱乐设施、公共卫生设施、管理设施、无障碍设施等。

第一节　观光温室的栽培设施及其布局

现代农业观光温室是以人造景观为主，自然景观为辅，以现代化的农业高新技术、新品种、新模式为景点，传统农业、园林景观为陪衬的观光景观。在造景方面较多应用现代农业栽培方法、栽培设施等提高农业的现代化水平。农业观光温室内的设施设备既要满足农业生产的需要，又要适应旅游景观的目标，所以不能完全按照工厂化农业模式来建设，要在保证其实用功能和效果的基础上，对各种农业生产设施、设备进行园林景观化，体现文化艺术内涵。同时，根据季节、种植模式、种植设施，与传统园林艺术结合，构成特色的温室园林景观。

一、现代农业观光温室对温室的基本要求

温室作为观光旅游的公共场所，除具备传统温室的特点外，还要具备旅游的基本特征。在温室安全方面有较高要求，与温室安全相关的主要有六方面因素：温室抗雪能力、抗风能力、抗暴雨能力、温室防火要求、温室结构和温室基础。

（一）抗雪能力

指在厚积雪的情况下不被压倒的能力。温室雪荷载取值有一个重现期的问题，种植温室建筑取 30 年为一重现期，公众温室按 50 年取值。要特别注意漂移积雪的荷载计算，它是指针对高低错落的建筑，当有积雪时应适当加大高低连接处抗雪能力的设计，提高钢结构的用材标准，保证安全。

（二）抗风能力

温室风荷载取值，选取温室所在地的风荷载取值，根据一般温室的使用寿命在 25～30 年，算出温室的设计风荷载取值为 30 年，这为一重现期。人流密集的地方，如生态餐厅、观光温室等，应提高重现期的取值，按 50 年计算，这样虽然提高了建造成本，但安全有了保障。

（三）抗暴雨能力

指遇到暴雨的时候，能通畅排水的能力。温室屋面排水的能力设计是依据温室建筑当地的降雨强度等气象资料，按 5 年一遇进行屋面排水槽大小与坡度的设计。

（四）防火要求

温室内要设计独立的灭火水源，要有足够合理的疏散通道。室内如遮阳网、防虫网和电缆线等多种易燃物品，一旦着火，很难控制，所以用的时候最好用防火遮阳网。对于距离居民区较近的温室，最好不用遮阳网，因为春节前后放鞭炮易引起火灾。

（五）温室结构

温室构建的组成是用来抵抗竖向或横向作用的平面或空间体系，通常是指温室的承重体系（如门架等）、维护体系（覆盖材料和镶构件等）和与这些直接相关的配套体系（开窗、拉幕机构等）。温室结构最基础的是承重体系，它的设计一般需要专业设计软件辅助才能进行，好的温室结构既能节省材料、降低建造成本，又能有效地抵抗各种荷载。

（六）温室基础

是指温室上部荷载传向地基的承重结构是否合理直接影响到温室结构的使用性能。温室基础设施的内容包括确定基础材料、基础类型、基础埋深、基础底面尺寸等。进行基础设计的前提是首先要知道承受的荷载类型及大小，准确掌握地基持力层的位置、地下水位的高低和地内力的大小，以及地下水对建筑的腐蚀性。温室基础设施另一个重要的因素是当地冻土层的深度。

二、现代农业观光温室的栽培设施

栽培设施主要是指与种植相关的设施装置、供液系统、作物固定设施以及植物攀爬支架等。其中，无土栽培就是多种设施及栽培模式相结合的有机整体，如栽培床（池、槽、柱、墙、管等）、供液系统、回液系统、营养液池、配套动力系统以及控制系统。作为观光农业的展示内容，每种栽培模式和设施装备的设计要求和布置不用完全按照常规的栽培规范要求进行，要按照布局美观的要求进行设计，但不能失去栽培系统的科学性、功能性。

（一）蔬菜树栽培设施

蔬菜树栽培是发挥植物的巨大潜能，使常规矮小植物进行树状栽培，使单株植物的营养体巨大化，延长其生命周期和提高结果能力，以达到单株高产目标的栽培方式（图4-1）。

图4-1　栽培树

1. 栽培池

株型大的番茄、瓜类、甘薯等的树式栽培，单株根系生长空间（栽培池的容积）要达到 $1.2 \sim 1.5 m^3$，甚至更大；株型小的辣椒、茄子，栽培池的容积在 $0.8 \sim 1.2 m^3$ 即可。栽培容器可以根据品种和观光的需要设计成不同的形状，可以做成圆形、正方形、长方形或多边形，材料可以是木质、塑料、玻璃钢、水泥、陶瓷等，容器的外形和表面还可以根据各自的审美观进行艺术化装饰。

制作栽培池时要考虑保温隔热性能、防渗性能、给排液系统和增氧设施等的配置，还要注意栽培池的覆盖性和系统的密封性问题。要创造蔬菜树根系生长的良好温度、湿度、透气环境。

2. 攀爬支架

蔬菜树生长高大，一般受温室高度的限制，同时为方便植物的整枝修剪和采摘管理，蔬菜树注重植株的横向发展，扩大植株冠幅面积。要根据温室高度来设计支架的高度，支架高度应控制在 $2.2 \sim 2.6 m$，以便于植株整株、授粉、采摘等作业。支架大都制作成平面式，大面积栽培时可采用连片统一的平面高度，这样有利于植株管理。也可根据品种和观赏的需要制作不同造型的支架，并实行单株分体布置。如制成"喇叭口状"、"平面圆形"、"正面梅花形"等，观赏性有所提高，但植株管理作业的难度会加大。

支架材料可以用钢架结构加钢丝网、绳网制作，也可以用竹木材料搭建而成。支架承载植物枝叶和果实的最大荷载以 25kg/m² 设计，主体骨架可以依附于温室立柱上，或悬挂于温室横梁上。如果温室难以承载负荷，应考虑另立支柱支撑。

（二）果菜基质栽培和水耕栽培设施

果菜基质栽培有单株箱式、盆钵式和多株袋式、槽式、垄式栽培等，是将配制好的基质采用这些容器装载后定植园艺作物，浇灌营养液进行栽培的模式（图4-2）。一般单株容器栽培比较适合于观光栽培，且利于作物的景观组合、换茬和调节株行距。其他栽培模式适合于观光采摘栽培。

图4-2　基质栽培

水耕栽培主要有深液流水培技术、营养液膜水培技术、浮管毛管水培技术等。由于水培对栽培环境和技术操作的精细程度要求较高，栽培的风险较大，一般主要用于叶菜类的栽培，也可以栽培番茄、黄瓜、丝瓜等果菜。水耕栽培设施的保温隔热性、密封性要求很高，稳定根际环境、避免外界污染是水培成功的关键。

（三）立体无土栽培设施

立体无土栽培设施主要适宜于栽培矮生的叶类蔬菜、花卉、草莓等作物。主要有墙面立体无土栽培、立柱式无土栽培、管道式立体水耕栽培等（图4-3）。墙面立体和立柱式栽培是同一种原理的栽培模式，墙体和柱体内具有供植物根系伸展的基质空间，营养液从墙体和柱体的顶端通过滴灌缓缓滴入并向下润流，使内部的基质体完全湿润而达到给墙体、柱体供水供液的目的，设施结构是定型的高密度聚苯材料，组装和使用方便，栽培效果稳定。

管道式立体栽培是采用建筑用的给排水 PVC 管加工制作而成，是一种立体或平面的管道水培模式，管道内注入并保持 1/2 ~ 1/3 的营养液层，管道上按叶菜的定植株距（一般 15 ~ 20cm）钻直径 25 ~ 30mm 的定植孔，栽培管的直径一般采用 75 ~ 110mm 的 PVC 管加工制作而成。用于组装立体栽培架时，可以做成垂直多层的"管道栽培墙"，或做成"A"字形栽培架，栽培管的上下层间距为 20 ~ 35cm（叶菜植株的正常高度）。营养液从顶端栽培管的一端

图 4-3　立体无土栽培

注入，从另一端流出进入下一层栽培管，依次流过层层栽培管，最终流回营养液池完成循环供液过程。如果组装成平面式"管道栽培床"，栽培管的并行间距（定植孔与定植孔之间）一般为 15~25cm。供液和回液采用并联方式进行，也就是在栽培管的一端统一安装供液管道（设支管注入栽培管），在栽培管的另一端设回液口和安装回液管道，收集营养液。

　　管道式栽培可以根据栽培场地的大小和温室高度，灵活组装栽培系统，与供液管路、回液管路、营养液池、水泵及定时器组成自动循环供液系统。

（四）立体组合栽培架和景观容器

　　根据观光及景观需要采用钢架结构、竹木结构、藤编工艺制作各种具有艺术造型的支架或托架，在架上布置盆栽的各种彩色蔬菜、花卉、草莓等矮生园艺作物，并通过滴灌实现自动浇水供液（图 4-4）。

图 4-4　立体组合栽培

　　另外，可以采用玻璃钢材料、水泥及其他材料，制作各种"蔬果"造型的景观工艺容器，如种瓜果果实的巨型雕塑容器、各种竹木结构艺术容器，以及陶罐、瓷盆等都可以作为观光栽培的设施。将配制好的基质或营养土灌注到容器中进行蔬菜花卉的栽培，形成艺术型的栽培模式。

（五）瓜果景观支架

　　观光栽培中，大部分观赏瓜果以及各种蔓生花卉、蔓生叶菜、豆类蔬菜不仅需要有科技含量的栽培技术和观赏价值，对地上部植株的生长状态和支架造型也需要进行艺术加工，这是目前国内许多地方观光农业园的一个亮点。

但大部分艺术加工都用于观赏瓜果的栽培,如广东珠海农科中心、北京花乡世界花卉大观园、石家庄市农科院科技园、北戴河集发农业观光园,都建有"珍奇瓜果园",主要采用竹木资材,用传统竹木工艺制作各种造型的瓜廊、瓜架、瓜亭等,结合假山、水系等园林景观,形成丰富多彩的瓜果蔬菜景观园(图4-5)。

图4-5　瓜果景观支架栽培

第二节　观光温室环境调控设施及其布局

一、环境调节控制的意义与作用

作物的生长发育主要取决于遗传与环境两大因素。遗传决定农业生产的潜势,而环境则决定这种潜势可能兑现的程度。作物对环境因素的要求,涉及光、温、水、气、肥等众多因子,同时,随着品种、生育阶段及昼夜生理活动中心的变化而不断变化。因此,作物对环境因子的要求,是由彼此关联的众多环境因子组成的综合环境动态模型决定的。

作物需要的综合动态环境模型受作物生命周期的制约。温室设施提供的综合动态环境系统是受自然环境及工程设施限制的。二者的统一,即可充分发挥作物遗传学的潜力。在作物整个生育期中,温室设施的环境条件,往往不可能完全满足作物的需要。因此,必须根据作物需要的综合动态环境模型与外界气象条件,采取必要的综合环境调节措施,把多种环境因素,如日照、温度、湿度、CO_2浓度、气流速度、电导率等都维持在适于作物生长的水平,以期达到优质、高产和低耗的目的。

二、环境工程设施设计的原理和基本要求

环境工程是在一定建筑设施的基础上,通过对半封闭系统的物质交换和能量调节来进一步改善和创造更佳的生长环境。环境工程设施在设计、建造及运行管理时需符合以下原则和基本要求:

（1）安全可靠　在一定的设计使用年限和设计标准条件下，保证建筑结构和环境工程设施运行的安全性和可靠性。

（2）经济适用　投资和运行费用合理；节约土地、能源、人力等资源，满足生产展示环境条件要求，便于观光参观和符合设计要求。

（3）保护环境　环境问题是人类生存和经济、社会发展的基础。建筑与环境工程设施，应便于栽培环境废弃物的处理和再利用，避免环境污染与公害，保证无土栽培设施的可持续发展。

三、常用环境调控设施的结构与性能

我国目前观光温室常用来作为栽培的环境调控设施，主要有连栋温室，也有个别利用日光温室。

（一）温室分类

按栽培用途可分为：观赏温室与庭院温室、生产温室、试验研究温室。按加温与否可分为：加温温室、不加温温室。按室内的环境温度可分为：高温、中温、低温温室与冷室。高温温室冬季温度一般保持在 18～33℃，主要用于热带、亚热带作物栽培；中温温室冬季一般保持在 12～28℃，适于种植喜温瓜果类作物；低温温室冬季一般保持在 5～18℃，主要用于种植叶菜类作物；冷室冬季一般保持在 0～5℃，主要用于贮存暖温带作物及盆栽植物越冬之用。

图 4-6　玻璃连栋温室

按覆盖材料可分为：玻璃温室、硬质塑料或聚酯板温室、塑料薄膜温室（图 4-6、图 4-7、图 4-8）。

图 4-7　PC 板连栋温室

图 4-8　塑料大棚

玻璃的透光性好，耐老化、耐腐蚀、防积尘、排凝结水等性能优良，但抗冲击性差，易破碎，质量大。玻璃温室钢材与密封件用量多，价格较普通塑料温室高一倍以上。

硬质塑料或聚酯板温室的覆盖材料主要有聚氯乙烯（PVC）、聚碳酸酯（PC）、玻璃纤维聚酯波纹板、PC双层或三层中空板。

温室覆盖材料使用的塑料薄膜有：聚氯乙烯（PVC）膜、聚乙烯（PE）膜、聚烯烃（PO）膜（聚乙烯 PE 和聚酯酸乙烯 EVA 多层复合）。近几年来研究开发的 PO 膜，内表面经流滴剂处理后，其透光率、流滴性、耐久性、抗拉伸强度都优于 PVC、PE 膜。特别是 PO 膜中的内表面 EVA 层对流滴剂有很好的亲和力，防雾滴性能持久。防雾滴剂还可多次处理。另外，PO 膜的外表面层为抗紫外线的防老化层，阻碍紫外线的透过，防止整个膜结构的老化，质量好的 PO 膜寿命可达 4～5 年甚至更长。

（二）连栋温室结构形式及性能特点

为了增大温室规模，提高土地利用率，将多栋单栋温室在屋檐处连在一起，去掉中间隔墙，加上天沟等就构成了连栋温室。连栋温室控制程度高、占地省、保温性好、便于操作管理，但换气效果较差，特别是棚室内种植了高大植株之后更差，应加强天窗的自然换气或增设机械强制换气。夏季时还应增设湿帘风机降温。连栋温室根据屋脊走向有东西向与南北向布置。南北向布置，虽透光率较东西向小，但屋脊、天沟等为活阴影，光照分布较均匀，一般南北向布置为多。采用玻璃等硬质透光覆盖材料时，屋面采用双坡斜屋面。若采用塑料薄膜或 PC 波纹板，则可采用弧形屋面。为了使覆盖材料内表面的冷凝水便于流淌，屋面一般采用双弧在屋脊处交接，屋脊两侧形成较大流淌坡度。连栋温室跨度一般为 6～12m，开间 3～8m，檐高 3.5～6m，屋脊高 4.5～6.8m。长季节栽培瓜果类蔬菜、高大苗木在南方高温地区，连栋温室檐高宜取较大值。我国大部分地区大陆性气候强，冬季寒冷、夏季炎热，靠自然通风降温的连栋温室，以 3～5 连栋为宜。设有强制通风或湿帘风机降温的温室，连栋数不限，但栋长以 40～50m 为宜，此时通风降温设备利用率高，较为经济适用。

随着无土栽培生产的产业化、现代化，我国大型连栋温室，特别是大型连栋智能温室在华北及华中、华南地区得到了迅速的发展（图 4-9）。连栋温室多采用异型薄壁型钢、热浸镀锌，卷帘或转轴齿条开闭天窗。环境调节控制，包括通风、降温、加温、遮阳、保温、灌溉施肥等实现了自动化。智能温室还实现了微电脑温度、湿度、光照、CO_2 浓度、营养液温度、离子浓度等的数据采集、显示、存储，超限报警，以及以光照量为基准的智能化变温管理等，从而实现温室综合环境智能化控制，实现高产、优质、高效栽培。但一次投资与运行管理费用较高，特别是华中以北地区，冬季采暖费用高，一般用于专业化、集约化、创汇农业或特殊品种无土栽培的温室或试验示范温室。由于其面积大、结构好、设备先进、造型美观，此类温室常结合园林

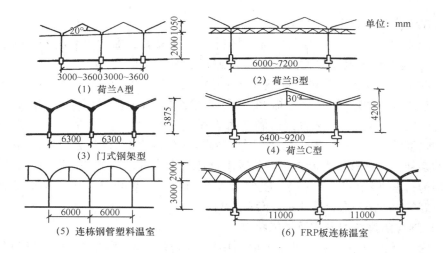

图 4 - 9　连栋温室示意图

造景艺术用作观光农业的旅游温室。

四、光照及其调控技术

植物利用光能将 CO_2 和水转化为碳水化合物的过程称为光合作用。光合作用是地球上生物赖以生存和发展的基础。光是光合作用的能量源泉，同时又是控制光周期的一种信息。因此，光照是无土栽培温室设施极其重要的环境因子。

（一）光照环境与作物生长

1. 光质与作物的生长

光质为影响植物光合作用的条件之一。光质会影响叶绿素 a 和叶绿素 b 对于光的吸收，从而影响光合作用的光反应阶段。光质也可以看作为光的波长。光质对植物的生长发育至关重要，它除了作为一种能源控制光合作用，还作为一种触发信号影响植物的生长。光信号被植物体内不同的光受体感知，即光敏素、蓝光/近紫外光受体（隐花色素）、紫外光受体。不同光质触发不同光受体，进而影响植物的光合特性、生长发育、抗逆和衰老等。

植物对光谱最大的敏感区为 400 ~ 700nm，即人工补光光源的光谱范围也应该接近此范围。植物光合作用速率是由 400 ~ 700nm 中植物所能吸收的光子数目决定，而与各光谱所送出的光子数目并不相关。

作者 R. E. Kendrick 与 G. H. M. Kronenberg 在文献中曾论述光谱范围对植物生理的影响，如下：

280 ~ 315nm　　　　　　对形态与生理过程的影响极小；

315 ~ 400nm　　　　　　叶绿素吸收少，影响光周期效应，阻止茎伸长；

400 ~ 520nm （蓝） 叶绿素与类胡萝卜素吸收比例最大，对光合作用影响最大；

520 ~ 610nm 色素的吸收率不高；

610 ~ 720nm （红） 叶绿素吸收率低，对光合作用与光周期效应有显著影响；

720 ~ 1000nm 吸收率低，刺激细胞延长，影响开花与种子发芽；

>1000nm 转换成为热量。

2. 光照量与光合作用

光合产物的形成不仅由量子流密度，而且由光照的累积时间所决定。光照的强弱不仅影响着光合强度，同时还能改变作物的形态，如开花时期、节间长短、茎的粗细及叶片的大小与厚薄等。到光饱和点时，光合强度趋于稳定。辐照度下降到光补偿点以下时，植物的呼吸作用超过了光合作用，时间长了植株会逐渐枯黄。植物的光补偿点，耐阴作物为 200 ~ 1000lx，喜阳植物为 1000 ~ 2000lx。主要果菜类的光饱和点强度见表 4 - 1。

表 4 - 1　　　　　　　　　　　　主要蔬菜的光饱和点

种类	黄瓜	番茄	茄子	甜椒	西瓜	甜瓜
光饱和点强度/lx	55000	70000	40000	30000	8000	60000

在一定的辐照度下，植物叶片的光合强度随光线入射角的增大而按余弦关系降低，植物群体的光合强度则随散射光比率的增大而提高。光合作用包括光反应与暗反应两个阶段。连续光照下，光反应的中间产物在某种意义上有过剩现象，甚至会不稳定而分解。待暗期光反应产物被消耗后，下一个光反应才能顺利进行。由此表明：光合强度与单位叶面积上的有效光能吸收量成正比。因此，适当降低辐照度而延长光照时间、增加散射光的比率、间歇或强弱光交替，均可大大提高光能利用率。

3. 光周期对光照的基本要求

植物体中存在着与光周期反应密切相关的、由蛋白质与色素合成的光敏色素。它们能以两种可逆变化的形式存在，即 R660 与 P730。

R660 对 660nm 的红光敏感。经一定时间的光照或 660nm 的辐射照射，R660 可转变为 P730。P730 对 730nm 的远红光敏感。P730 经一定的暗期或 730nm 的辐射照射，可转变为 R660。R660 占优势时，可促进短日照植物、抑制长日照植物的生长发育；反之，P730 占优势时，可促进长日照植物、抑制短日照植物的生长发育。这对于引种、育种、控制光周期敏感植物光萌发、花芽分化等有着重要的意义。

光周期对于光照的要求与光合作用完全不同。光合作用是作为能量的需要依存于光照的。光周期对光照的要求，正如光敏色素 R660 与 P730 对红光与远红光反应一样，是作为一种信息开关，接通则促进、关闭则抑制光萌发、细胞分裂的时间调节等光周期反应的基本过程。这种可逆反应，有的仅由一次短时间的照射引起，有的必须连续长时间照射或反复地在每小时给以极短时间照射。一般光周期需要的光照应包括红光与远红光在内，照度仅为数十勒克斯即可。

（二）温室设施的光照条件

1. 辐照度及其影响因素

温室栽培床平面内平均单位面积的辐照通量，即为温室的辐照度。

除日光温室外，温室冬季透光率低是普遍存在的问题。连栋温室，特别是连栋双层硬质中空或双层膜充气温室，其冬季透光率仅为 40% ～50%。其主要原因，一是冬季入射角高达 60°～70°，反射率很高；二是雾滴、尘染影响很大。所以在温室设计中，应尽量使冬季太阳射线入射角小于 60°，选用防雾滴膜，或通过防雾滴剂处理、定期冲洗覆盖材料表面尘土等措施，其透光率可提高 20% 左右，在冬季弱光条件下，对满足果蔬的光照条件具有重要意义。

2. 覆盖材料的透光特性

温室常用覆盖材料主要有玻璃、聚乙烯（PE）膜、聚氯乙烯（PVC）膜、聚碳酸酯（PC）单层波纹板或双层及三层中空板、PVC 单层波纹板等。

覆盖材料不同，其分光透过特性各异（图 4 - 10）。从温室栽培考虑，理想的覆盖材料应对 300～750nm 的生理辐射具有最大的透过能力。波长 300nm 以下的远紫外线透过率越低，对覆盖材料的抗老化性能越有利。300～380nm 的近紫外线透过率高时，对作物花青素的显现以及果色、花色与维生素 C 的形成有利。800～3000nm 的红外线透过率低时，进入温室的热量较少。5～20μm 辐射的透过率越低，地面长波辐射透出得越少，对温室保温越有利。

3. 光照分布

在一定的光照度下，温室内光照分布越均匀，其阴影面积率及作物群体漏光损失越小，则温室作物的光能利用率就越高。光照的平面和空间分布，主要由温室方位、形状与结构形式、覆盖材料散射特性及作物叶面积指数和受光态势所决定。在我国中高纬度地区，东西向单栋双坡屋面温室透光率较南北向的高约 15%，但由于屋脊、檩条等水平构件为东西向，在温室内将造成一条条死阴影弱光带，透光率最大与最小差值在 40% 以上。对于 3 连跨以上的温室，南北向较东西向的透光率低约 7%，但南北向温室其水平构件为南北向，活阴影，光照分布在时间和空间上都较均匀。若采用南北畦向栽培，作物群体受光态势较好，光照充足均匀，但在观光造景温室中有些种植区还要考虑栽培效果以及具体地形。

散光性覆盖材料，使直射光分散到很大的立体角内，形成散射辐射。在

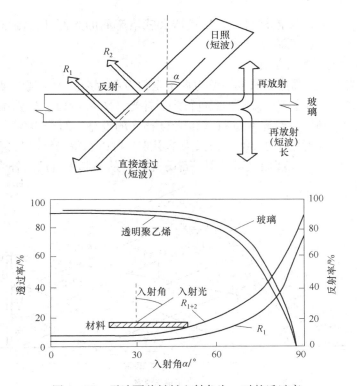

图 4 – 10　干洁覆盖材料入射角为 α 时的透过率

保证一定总辐射下，散射光比率较高，对于提高栽培床面的光照分布均匀性与作物群体的光能利用率是有益的。丙烯酸玻璃纤维聚酯板的散射光比率可达到 40% 左右，但表面的聚酯层易老化龟裂，而且玻璃纤维易污染，透光率衰减很快。

　　4. 光周期光照时间

　　自然光照能对植物光周期产生影响效应的一段时间，称为光周期光照时间。一般大于或等于 22lx 的光照时间，即可对植物光周期产生影响效应。太阳高度角为 4.5° 时的曙暮自然光照，即可对植物光周期产生影响效应。

（三）　光照调节与控制

　　光照是作物生长发育的能量源泉，又是某些作物完成生活周期的重要信息。在自然条件下，光照度与光照时间因季节、纬度、天气状况而异。中、高纬度地区，冬季弱光、低温伴随着短的日照，夏季强光、高温伴随着长的日照。无论是弱光短日照或强光长日照，都可能成为某些温室作物生长、发育的限制因子。因此，对温室作物的光照度和光照时间进行一定的调节和控制是十分必要的。除采用适当的温室结构与朝向，选择透光率高、耐老化、无滴防尘、散光性覆盖材料，以尽量增大栽培床面的光照外，温室光照调节主要包括补光与遮光调节。

1. 自然光照光合补光

作物光合作用需用的照度一般为数千至数万勒克斯。中、高纬度地区冬季光照不足时，可考虑利用太阳光照进行人工补光（图4-11）。日光温室与反射镜温室，就是利用自然光照进行人工光合补光的设施。日光温室为东西向布置，冬季太阳入射角小于50°，白天为单层膜，可以获得最大的透射率，又无屋脊、天沟阴影，北墙面又可反射一部分光照，从而起到自然的补光作用。

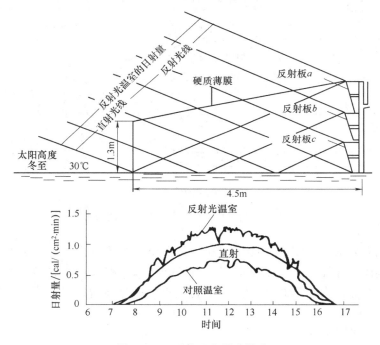

图4-11 反光温室增光效应

如图4-11所示，在东西向温室的北墙内表面上加装反射板，可增强自然光照光合补光。反射板一般由反射率80%以上的镀铝膜制成。跨度为5~8m的东西向单栋温室，在内墙面上加装反射板后，晴天栽培床面光照度可达室外自然光照度的110%~120%，为普通玻璃温室内栽培床面光照度的2倍。中、高纬度地区反光温室，冬季不仅可以大大提高光合强度，而且还可提高室内气温和叶温，在良好的保温设施下，可节省30%~40%的采暖费用。

2. 人工光照光合补光

当自然光照远不能满足植物光合作用需用光照时，亦可考虑人工光照进行补光（图4-12）。目前使用的人工光源仅限于电光源一种。常用的人工光源有荧光灯、镝灯、钠灯、氙灯及植物效应灯等。在考虑灯具选择时，首先，应选择发射光谱与需用光谱接近的产品，必要时亦可考虑多种光源组合光谱互补。另外，应选择发光效率高、灯具寿命长、价格低廉的产品，以设备折旧与运行费用最低为原则。在人工光合补光中，还有一个耗电的经济性问题。人工光合补光，在满足一定产品质量的基础上，应着重考虑耗电较省而经济效益最大的问题。

图 4 – 12　人工光合补光

3. 人工光周期补光

对光周期敏感的作物，特别是光周期的临界期，当黑夜时间过长而影响作物的生长发育时，应对作物进行人工光周期补光。人工光周期补光是作为调节作物生长发育的信息提供的，需用的照度较低，一般大于 22lx，最好是 54lx。光谱能量分布最好是在 660～665nm 为好，可用富含红光的白炽灯。一般长日照作物要求连续暗期短于 7h，通常由早晚补光使连续黑夜短于 7h。如北京地区冬季，光照时间为 9h，黑夜为 15h。一般用 54lx 需用补充光照 8h。为了节省电能，可用 54lx 光照在午夜补光 4h，连续暗期变为两段 5.5h，可节电 50%。据研究，在午夜补光的 4h 中，若用 110lx 照度，每 30min 补光 6min，或用 220lx 照度每 1min 中补光 3s，均可收到同样的光周期补光效果，但可节电 60%～80%。不同作物光周期反应差异很大。即使同一种作物，光周期反应也因温度、营养状况不同而异。光周期补光参数应通过试验确定。

4. 光合遮光调节

夏季强光、高温会使某些作物光合强度降低，对某些荫生作物或幼苗，甚至作物叶片产生灼烧伤现象，因此需要进行光合遮光（图 4 – 13）。光合遮光的目的是削减一部分光强，减小一部分太阳热负荷。遮光材料应具有一定的透光率、较高的反射率和较低的吸收率。光合遮光主要是遮挡午间的直射光，四周不需严密搭接。常用的有在温室顶面上方铺设竹帘、白色聚乙烯纱网、黑色遮阳网等。也可在室内设置无纺布或与镀铝膜相间编织的透明内遮阳网，遮阳率可在 40%～70%。另外，在温室顶面内侧涂白可以遮挡部分日光。

图 4 – 13 光合遮光

5. 光周期遮光调节

光周期遮光的目的是延长暗期，保证短日照作物对连续暗期的要求。常用的材料有黑布与黑色塑料两种，在温室顶面及四周铺设，严密搭接。使室内光照降到临界光周期照度以下，一般不高于 22lx。遮光的时间应使连续暗期大于 14.5h，通常从黑夜向傍晚和清晨两头延长。

在观光温室中，一般为连栋温室，很少涉及以上提及的补光方式。由于大部分温室为植物综合设计，各植物生理需求不同，一般都采用经过处理或已经达到最佳植物状态时栽种，也有一些专类园，植物相对一致时可采用补光形式，如花卉园、果蔬采摘园等。

五、温度的调节控制

植物在整个生活周期中所发生的一切生物化学反应，都必须在一定的温度条件下进行。温度降至某一低温或超过某一高温时，作物将停止生长甚至死亡。维持在某一适温范围内，生长发育最好。温度是作物生长发育极其重要的环境因子。由于地球的自转和公转，造成地表热量在时间和空间上分布的不平衡，形成地表与空气温度在昼夜、季节和地区上的变化，往往不能完全满足作物生长适温的需要。因此，应根据温室设施的温度条件，随时采取必要的保温、加温与降温措施，以充分满足作物的适温要求。

（一）温度与作物生长

1. 温度对作物生长的影响

温室内的气温、基质、营养液与灌溉水的温度对作物的光合作用、呼吸作用、光合产物的输送、根系的生长和水分、养分的吸收均有着显著的影响。作物的生长适温，随作物种类、品种、生育阶段及生理活动的昼夜变化而变化。一般作物光合作用的最低温度为 0 ~ 5℃，最适温度为 20 ~ 30℃，最高温度为 35 ~ 40℃。在光合适温范围内，温度每提高 10℃，光合强度就提高约一倍。适温范围以外的低温或高温，光合强度都要显著降低。呼吸作用的最低温度为 – 10℃，最适温度为 36 ~ 46℃，最高温度为 50℃。在呼吸适温范围内，温度每提高10℃，呼吸强度就提高1.0~1.5倍。

作物的光合作用与其大部分产物的输送是同时进行的。如果下午与夜间温度过低，叶片中的光合产物不能输送出去，叶片中的碳水化合物过分积累，将会影响第二天的光合作用，这样叶片变厚、颜色变深、衰老较快，光合强度下降。如光照较弱，气温过高，光合产物较少，呼吸消耗过多，则叶片变薄而植株生长瘦弱。

根际温度的高低影响着根系的生长发育以及根系对水分、营养物质的吸收。一般适宜的温度为15~20℃。而且，根际温度和气温对植株的生长有一定的互补作用。所谓的这种互补作用是指当气温较低或较高时，仅确保根际温度在适宜的范围内，植株就能够生长得较为正常。当冬季气温较低时，通过根际的加温比室内加温的热损失少，节能效果好，较为经济有效；而在夏季高温时，虽然气温很高，但如果对根际进行降温，尤其是在无土栽培条件下，对营养液等介质进行冷却降温，具有显著的增产效果。

作物的生长发育是进行物质再生产的一个过程。在物质再生产中，温度不仅影响着光合产物的形成与消耗，而且对分配也产生着巨大的影响。在群体形成阶段，越是生长前期，温度对叶面积扩展速度的影响越显著。在偏高的温度下，有促进同化系统即所谓的"源"势态的作用；相反，在偏低的温度下，则有促进贮藏系统即所谓的"库"势态的作用。叶面积扩展速度越快，物质再生产也越旺盛。

因此，生育前期温度应偏高，叶面积的扩展应优于同化率的增加。生育中、后期，叶面积指数增至最大，此时物质生产主要由单位面积的净同化率决定。在这个阶段中，应适当降低温度，以增加净光合产物的积累和贮藏。番茄全生育期的适宜温度管理模式如图4-14所示。

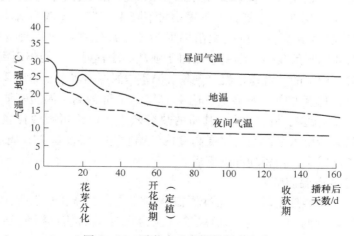

图4-14 番茄全生育期的温度变化

2. 生育适温与变温管理

作物的物质生产总量，是由每天的物质生产量累积起来的。温度对物质生产的影响，首先表现在温度对一日间光合作用、产物输送与呼吸消耗的综合影响。一日间温度管理的目的，就是要增加光合作用产物及促进产物的输送、贮藏和有效分配，抑制不必要的呼吸消耗。

保护地栽培变温管理，是日本 20 世纪 70 年代发展起来的一个节能增产技术。与夜间恒温相比，番茄、黄瓜、茄子等作物可增产 10% ~ 20%，产品质量提高，同时可节能 10% ~ 15%。中国河北坝上农科所提出的"大温差育苗"就是一种变温管理技术，可育成矮、粗、壮苗。根据变温管理原理，中国农业大学已研究开发出以温室内白天光照量为基准的变温管理自控装置，对温室冬季采暖进行智能化控制。

（二）温室设施温度的调节控制

1. 温室效应

辐射传送是无需介质的。当它经过介质时，总是被反射、吸收和透射。温室覆盖材料能让绝大部分太阳短波辐射透入，阻止绝大部分地面长波辐射透出，这种使温室蓄热升温的特性称为温室效应。当然，温室能够蓄热升温，更主要的还是由于温室密闭，空间较小，隔绝了与外界的对流热交换所致。温室大棚或某些保护地设施，就是利用温室效应在寒冷季节提高作物环境温度的经济有效的措施。

2. 温室设施的温度特性

温室设施的温度随太阳辐射的变化而呈昼夜与季节的变化。一般密闭、土壤干燥、非供暖、单层覆盖温室，白天室内气温可达室外气温的两倍以上。室内气温基本上是随太阳辐射的变化而变化的。晴天上午，室内气温每小时可升高 5 ~ 7℃，14 时达最高，下午每小时下降 4 ~ 5℃。日落后每小时降温约 0.7℃，日出前达最低温。夜间太阳辐射为零，最低室温比室外最低气温高 2 ~ 3℃。有风的晴天夜间，温室表面由于强烈的净辐射，可能出现室内气温低于室外气温 1 ~ 3℃的"温室逆温"现象。温室内温度的水平分布差 2 ~ 3℃。在保温条件下，垂直方向上的温差可达 4 ~ 6℃，上部为高。温室基质温度与基质含水量、作物遮阴情况有关。基质的热容量大，白天可吸收储蓄太阳辐射热量，夜间逐步传入室内空气以提高室内气温。基质温度呈 24h 周期性变化，其振幅随深度减小，位相随深度落后。

3. 温室的保温与节能

温室覆盖材料热阻较小，通过覆盖材料对流、传导、辐射传出的热量损失要占总散热量的 70% 左右；通风换气及冷风渗透的热量损失要占 20% 左右；通过土壤传出的热量约占 10% 以下。北方地区光照充足，白天室内气温可很快升至20～30℃；若不进行保温，夜间室内气温很快会降至接近于室外温度。所以在北方地区，温室冬季的保温是必不可少的温度调控措施。

温室保温的原理，主要是增加外围护结构的热阻、减小通风换气及冷风渗透、减小围护结构底部土壤的传热。常用的方法是采用多层覆盖、设防寒沟、增加温室的密闭性。多层覆盖包括围护结构固定覆盖、内设保温幕帘、外设保温被及地面设小拱棚等。为了削减辐射和对流散热，固定的围护结构覆盖材料可采用中空复层材料，如中空复层玻璃、中空复层聚碳酸酯板及双层充气薄膜等。保温幕帘一般设在固定覆盖材料的下面。保温幕帘常用开闭机构，白天打开进光，夜间密闭保温。保温幕的厚度及导热系数对传热系数的影响不大。幕帘散热系数主要取决于保温幕材料对长波辐射的透射、吸收与反射特性。保温幕大多使用无纺布、聚酯薄膜与真空镀铝编织网等。一般以两层为限，过多增加层数投资较高，效果并不明显。温室覆盖层内增设小拱棚可提高气温3～4℃，但光照将减弱30%左右。温室采用双层覆盖，双层覆盖间层6～8cm，夜间间层中充填直径为5～8mm发泡聚苯乙烯颗粒，形成一个隔热层，白天用风机吸出，可节省燃料80%以上。

蓄热加温法也是行之有效的节能措施。温室本身就是一个大的太阳能集热器。在中纬度地区，冬季晴朗白天，由于集热较多而气温过高，往往需要采用通风换气放出一部分热量。晚间又因热量不足而温度过低，利用白天多余热量以补充夜间的不足，也是温室经济有效的节能措施。常用的方法有地中热交换法、蓄热体热交换法等。地中热交换法是在温室地面以下50～60cm深处埋管，通过风机强制通风或风囱自然通风，进行土壤热交换。白天室内空气温度高于土壤温度，温室内空气多余热量通过空气在管中流动热交换积蓄于土壤中；夜间地中温度高于室内气温，地中积蓄的热量又通过空气在管中流动热交换传入空气进行加温（图4-15）。地中热交换贮能加温，一般可使温室夜间气温提高5～7℃，可使大棚或温室春提前或秋延后一个月左右。

图4-15 地中热交换

北方的普通温室，特别是大型连栋温室，因冬季透光率较低、集热量较小，同时无法采用非常严密的保温措施，在冬季较低的室外温度条件下，须进行一定的采暖加温，才能维持室内作物生长必要的最低温度。

4. 温室常用的采暖方式

常用的采暖方式有热水采暖、热风采暖与电热采暖、燃气辐射采暖、地中热交换系统（地源热泵采暖）等。

（1）**热水采暖**　用水作热媒，经锅炉加热并送至温室，经散热器放热对温室进行加温的方式，称为热水采暖。热水采暖的热稳定性好、温度分布均匀、波动小、生产安全可靠、供热负荷能力大，多在大中型永久性的温室中使用。根据热水在系统中循环流动的动力不同，热水采暖系统可分为自然循环与机械循环两种。

热水采暖系统一般由管道设备及必要的附件串联和并联组合而成。系统管路由几个串联管段组成时，流经每个管段的流量相等。

自然循环热水采暖系统的作用压力，应大于系统管路总阻力损失，并留有15%～20%的安全余量；热水采暖系统的循环流量，须略大于系统必要的计算流量的要求。自然循环热水采暖系统的作用压力，与锅炉中心至散热器中心的垂直高差和供回水密度差成正比。因此，降低锅炉位置、提高供水温度、增大管径是提高自然循环热水采暖系统作用压力、减少管路阻力损失行之有效的方法。

当系统管路过长，增大管径不经济或锅炉位置不便安置过低，致使热水采暖系统作用压力与循环流量都无法满足设计要求时，自然循环失去效力，就应改自然循环为水泵机械强制循环。

（2）**热风采暖**　热风采暖是以空气作热媒，用燃煤或燃油热风炉直接加温，或通过蒸汽－气热交换器加温。热风采暖升温快、热利用率高，一般可达70%～80%，一次投资与运行费用低，但温度稳定性差，一般多用于季节性短期加温。热风采暖供热管道设在温室顶部时，应在下侧面开两排出风孔，主要是通过送风孔口直接吹出热风进行加温。

（3）**电热采暖**　电热采暖主要用于育苗时季节性温床基质局部加温。电热温床主要由隔热层、加热线、基质及地面覆盖几部分组成。隔热层一般由干燥的锯木、稻糠、麦秸等铺成，厚10～20cm。床上底层由3～5cm炉灰或干土铺平，电热线设在床土中间。

（4）**地中热交换系统（地源热泵采暖）**　在封闭状态下利用贮热原理，根据各时段作物生理活动过程对温度的要求，分段控制室温，使白天多余的太阳能贮存地下，高温高湿空气在地下风道内通过热交换把热量传给土壤，同时，高湿空气中水汽冷凝析出。这样，一方面热量传给土壤，另一方面降低了湿度。晚间室内温度低时，再把地下贮存的热量补充到室内，提高夜间室内气温，有效地均衡了昼夜室温（图4－16）。

（三）温室通风降温、降湿设施及技术

夏季与春末、秋初，由于强烈的太阳辐射与温室效应，白天温室设施内的气温往往高达40℃以上，远远高出作物生长适温，大大限制了多年生花卉、

（1）地源热泵机　　　　　　　（2）地源热泵散热端分

图4-16　地源热泵采暖

苗木及长季节作物的栽培。为了维持温室设施内适宜的环境温度，往往需要通过通风换气、设置湿帘风机降温系统对温室设施的温度条件进行必要的调节与控制。为了补充 CO_2，排除室内过多的湿气，也往往需要适当地进行换气。

1. 温室内降温调控及设施

（1）开窗自然换气　温室设置天窗、侧窗。利用温室内外温差造成内外空气压差的换气，称为热压换气；利用风力作用造成内外压差的换气，称为风压换气。热压与风压换气统称为自然换气。通过温室顶部和侧面安装的天窗和侧窗的开闭，可起到调节自然换气的功能（图4-17）。

图4-17　温室天窗、侧窗

（2）机械强制换气　当温室自然换气不能满足生产要求时，可考虑在温室南山墙设置风机，北山墙开设进气窗进行强制换气（图4-18）。设计强制换气的主要任务是风机选择及换气窗开设面积的确定。风机选用9FJ系列低压、大流量、低噪音风机较为经济。风机在设定静压时的总通风量应略大于温室设计通风量。进气窗面积应以风机出风口面积的3～4倍为宜。在面积较大的连栋温室内还可以安装环流风机，按要求分布到温室内，达到更好的通风换气效果。

图4-18　温室风机

（3）湿（水）帘风机降温　某些花卉如仙客来等，当夏季室外气温超过35℃，要求棚室内最高温度低于28℃，在自然与强制通风都不能满足温度调节控制要求时，可考虑采用湿（水）帘风机降温系统进行降温（图4-19）。

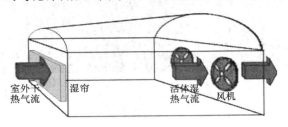

图4-19　湿帘风机降温系统示意图

在密闭棚室的一面山墙上安置风机，另一面山墙上安装湿帘，利用集水池、水泵、供回水管路构成水循环系统，使湿帘常处于湿润状态。当风机抽风时，通过湿帘内外空气压差，迫使较干燥的空气从多孔、湿润的湿帘穿过。湿帘孔隙表面部分液态水接触未饱和的空气时，蒸发为蒸汽。水分蒸发带走的大量潜热，将迫使进入室内的空气降低自身的温度。这样，湿帘风机降温系统就源源不断地把低温的空气引入棚室进行降温。一般情况，通过湿帘空气的干球温度，可降到接近于室外湿球温度以上2℃左右。在适当遮阳情况下，一般可使室温降至28℃以下（图4-20）。

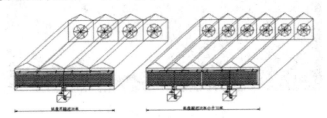

图4-20　温室内湿度调控及措施

2. 温室内降湿调控及设施

（1）湿度与作物的病害　温室设施内由于空间小，因密闭保温而限制了通风换气，往往造成室内空气的高湿状态。湿度与病原微生物的繁殖密切相关。病原菌孢子的形成、传播、发芽、侵染，均需90%以上较高的相对湿度。如瓜类霜霉病的分生孢子，在发芽后产生的游走子一般通过水滴游动到叶片上，发芽管伸长后，从气孔侵入。高温高湿利于真菌孢子的萌发。特别是温室覆盖材料及叶片表面温度降低到露点以下时，将凝结出水滴。水滴利于病菌的繁殖和侵入。在高湿状态下，围护结构与叶片容易造成结露。因此，温室设施内的湿度条件是引起作物病害的主要原因。

（2）除湿与降湿调节　为了控制温室设施内相对湿度过高，通常采用的降湿方法有以下几种。

通风换气降湿：设施内造成高湿的原因主要是密闭所致。为了防止室内高温高湿，可采取自然或强制通风换气，以降低室内湿度。设施内相对湿度的控制标准因季节、作物种类不同而异，一般以 60% ~ 85% 为宜。通风换气量的大小与土壤、作物蒸发、蒸腾的大小及室内外的温湿度条件有关。

加温降湿：在一定的室外气象与室内蒸腾蒸发及换气条件下，室内相对湿度与室内温度成负相关。因此，冬季温室设施内适当的加温是降低室内相对湿度的有效措施之一。加温的高低，除作物需要的温度条件外，就湿度控制而言，一般以保持叶片不结露为宜。

地膜覆盖与控制灌水：同样条件下，只要减小温室设施内地面蒸发量，即可降低室内相对湿度。通常采用滴灌、下方灌溉等供液方式以及适当控制灌水量可以减少室内蒸发。滴灌设置在地膜以下，可使地面蒸发降到最低限度。实践证明，地膜覆盖与膜下滴灌相结合，可使室内夜间相对湿度控制在 85% 以下，这对防止病害的发生与蔓延是非常有效的。

热泵降湿：利用压缩机对制冷工质压缩做功，使制冷工质通过蒸发器蒸发时，以低温热源吸取蒸发潜热，经压缩后再通过高温散热器，将从低温热源吸取的热量与压缩机压缩做功的热量一起放热于高温加热间，这是热泵正常的工作程序。如将热泵的蒸发器置于温室设施栽培间，蒸发盘管的温度可降到 5℃左右，远低于室内空气的露点温度。此时，空气循环时，室内空气中的水汽将大量从蒸发盘管上析出，从而达到降低室内空气湿度的目的。据研究，利用热泵降湿，一般可使夜间温室设施内湿度降到 85% 以下。

除此之外，也可利用换热通风装置，通过多层塑料薄膜管道，使室外低温低湿空气与室内高温高湿空气通过管道壁进行充分的换热。这样，既回收了排出空气的热量，又换出了室内高湿的空气，从而达到控制室内空气湿度的目的。

（3）加湿调节　在夏季和初秋高温干燥季节，当室内相对湿度低于 40% 时，往往需要进行加湿。在一定的风速条件下，适当地增加一部分湿度可增大叶片气孔的开度，从而提高作物光合强度。常用的加湿方法有湿帘风机降湿系统加湿，还可达到降温的目的，一般可使室内相对湿度保持在 80% 左右。同时，不会出现因加湿而打湿叶片的现象。在高温、干燥季节，用湿帘风机降温系统加湿是适宜的。

六、温室内空气环境的调节

（一）空气环境与作物的生育

温室设施内的空气环境，包括气流速度与气体组分两个方面。下面分别就气流速度、CO_2及有害气体浓度对作物生长的影响进行讨论。

1. 气流速度

空气流动会影响到植物的蒸腾、叶温及对CO_2的吸收。在30cm/s以下的微风速区，叶面界面呈层流状态，提高风速有助于降低界面层厚度而减小CO_2扩散阻抗。在相对湿度60%以上，光合强度将随风速的提高而提高。但在低湿度情况下，如果风速超过一定限度，蒸腾作用过旺，叶子水分状况恶化，促使气孔开度缩小，增大了CO_2扩散阻抗，CO_2吸收受阻，光合强度反而降低。因此，气流速度一般以0.3~0.5m/s为宜。特别是在强光照下，叶温较高，蒸腾旺盛，风速过高，光合强度将大大降低。

2. CO_2浓度

CO_2是植物光合作用的主要原料。按其来源主要有叶子周围空气中的CO_2、叶肉组织呼出的CO_2及根部从介质中吸收的CO_2。自根部吸收的CO_2只不过占1%~2%，对植物的生长并不具重要意义。

提高作物周围空气环境的CO_2浓度、增加乱流交换、调节空气湿度等，都是提高CO_2扩散通量，即提高作物光合强度的有力措施。施用CO_2对蔬菜生理与形态也有一定的影响。在一定的范围内提高叶片周围空气的CO_2浓度，对叶菜、根菜、果菜及以种子为收获对象的作物，均有显著的增产效果。在蔬菜育苗期，提高CO_2浓度可培育短、粗、壮苗，根系也较发达。CO_2浓度与光照度之间有着相辅相成的关系。提高光照度可补偿CO_2的不足；反之，提高CO_2浓度也可补偿光照的不足。

CO_2浓度对植物体的N、P、K含有率影响不大，但整株植物质量会大大提高。在3500mg/m^3内适当增施CO_2，对番茄果汁中的果胶、糖、维生素C和柠檬酸等含量的提高，均有一定的作用，因而果品味道更加浓郁。但要注意，在叶片同化作用过剩而造成大量淀粉积累时，将造成叶片早衰而降低光合强度。

3. 有害气体

空气中污染的对植物产生毒害的有害气体有二氧化硫、乙烯、氮氧化物、臭氧、氟化氢、氨、正丁酯、磷苯二甲酸二异丁酯等。其中有的是煤、石油等燃烧的产物，有的则是某些塑料制品、农药和某些肥料挥发和残留的有害气体。它们往往在很低的浓度下就会对作物的生长产生毒害作用。

（二）CO_2 肥源与施用

1. CO_2 肥源的选择

目前 CO_2 肥源主要有以下几种：①酒精酿造业的副产品气态 CO_2、液态 CO_2 或经加工而成的固态 CO_2（干冰）；②化学分解，即用强酸与碳酸盐作用释放出 CO_2；③空气分离，即将空气低温液化蒸发分离出 CO_2，再低温压缩成液态 CO_2；④碳素或碳氢化合物如煤、焦炭、煤油、液化石油气等通过充分燃烧生成 CO_2；⑤利用有机物质如厩肥分解放出 CO_2。

根据我国的能源与社会经济情况，选择 CO_2 肥源必须考虑资源丰富、取材方便、成本低廉、纯净无害、设备简单和便于自控等。利用碳氢化合物，如煤油、液化石油气红外炉具燃烧，易生成 CO，且仍需经过脱硫，成本较高。最近中国人民解放军第二炮兵后勤部研究开发的温室 CO_2 增施装置，利用蜂窝煤燃烧的烟气，经某些碱液洗涤，去除硫化物与氮氧化物，获得了经济纯净的 CO_2 气源，值得推广应用（图 4-21、图 4-22）。

图 4-21　CO_2 发生器

图 4-22　CO_2 施放

2. CO_2 施用技术

（1）CO_2 施用场所与时期　CO_2 为气态物质，容易逸散，因此施用 CO_2 的适宜场所局限于玻璃温室、塑料大棚等密闭性较好的设施中，以及蔬菜、花卉等经济效益较好的园艺作物。在冬季密闭保温温室内，不易从大气补充足量的 CO_2，在进行旺盛的光合作用期间，CO_2 浓度可降至 $100mg/m^3$ 左右。因此，在密闭环境下，施用 CO_2 尤为必要。

开始施用 CO_2 的时期，应根据作物种类、栽培方式、作物长势及环境条件而定。一般说来，叶菜、根菜类作物在前期施用较好。果菜类作物为避免茎叶过于繁茂，应在光合产物的受体"库"的能力变强时，即从植株进入雌花着生、开花结果期、CO_2 吸收量急剧增加时施用为宜。

在冬季光照较弱、作物长势较差、CO_2 浓度又较低时，亦可适当提早施用。

（2）CO_2 施用时间　在一天之中，一般作物上午的光合产物要占全天的

3/4，下午仅占 1/4。利用 ^{14}C 同位素跟踪试验，在一天中不同时间施用 CO_2 后，在黄瓜各器官中 ^{14}C 的分配比率为：上午施用的 CO_2 在果实、根中的分配比率较高；下午施用时，在叶内积累较多，除促使枝叶过于繁茂外，还可能造成叶片内淀粉积累而早衰。按照 CO_2 施用时间与番茄产量的关系试验，也得出上午施用的产量较高。因此，一天中 CO_2 的施用时间，以日出后 1h 开始为宜。

CO_2 施用时间的长短，应根据栽培目标与环境温度、光照条件而定，一般在上午换气之前 30min 停止施用较为经济。在整个栽培过程中，在施用首期和末期，每天施用的时间应短些，浓度应渐变，以便作物驯化，逐步适应新的 CO_2 环境，避免植株早衰。

（3）施用浓度与施用量　CO_2 施用浓度一般应在 CO_2 饱和点以下。从实际栽培看，$1.5 \sim 3.5 g/m^3$ 范围的浓度是较适宜的。但是考虑施用效果的经济性及设施的密闭性能，最好晴天在 0.13% 以下，阴天在 $1.0 \sim 1.5 g/m^3$，雨天不施为宜。

（4）CO_2 施肥的效果　伊东（1979）在春季大棚种植黄瓜中进行 CO_2 施肥的效果试验表明（表 4-2），使用 CO_2 后的早期产量和总产量均增加了，特别是早期产量增加得更为显著，但如果在高室温条件下长期施用 CO_2，则加速了植株早衰老化，总产量与不施 CO_2 的相当或下降了，因此，施用是要掌握施用时期并避免在高温下（>30℃）施用。

表 4-2　　　　　　　　　　大棚春植黄瓜 CO_2 施用效果

试验年份	处理	早期单株产量		单株总产量	
		果数/个	果重/kg	果数/个	果重/kg
1973 年	未施（CK）	12.1	12.1	31.7	32.1
	CO_2	15.9	15.3	36.1	36.9
	高温 + CO_2	17.5	17.1	33.4	33.4
1979 年	未施（CK）	18.9	15.9	41.2	41.3
	CO_2	21.0	20.4	42.4	42.7
	高温 + CO_2	33.0	22.5	39.8	39.6

七、温室内的施肥、灌溉设施

温室内植物的浇水施肥方式多种，如沟畦浇水施肥、单株浇水施肥、滴灌浇水施肥等。

但是从节约用水、提高水的利用率、降低温室湿度以及劳动强度方面，滴灌具有巨大优势。

滴灌是一种半自动化的机械灌溉方式，安装好的滴灌设备，使用时只要打开阀门，调至适当的压力，即可把水分送到作物根区自行灌溉（图4－23）。滴灌比地面沟灌节约用水30%～40%，对土壤结构的破坏大大减轻。滴灌的温室地温相对来说要比传统地面灌溉的高，有利于栽培作物早长早发；湿度较低有利于减轻病虫害发生，增产效果比较明显，一般果菜类可以增产10%～20%。

图4－23 滴灌设施

膜下滴灌技术，就是把地膜栽培技术与先进滴灌技术相结合，水、肥、农药等通过滴灌带直接作用于作物根系，均匀地给农作物"打点滴"，通过塑料地膜覆盖，棵间蒸发甚微，十分有利于作物的生长发育。这项节水技术的研发问世破解了喷灌技术无法进入大田使用推广的"瓶颈"问题，成为世界节水史上一次创新。

滴灌系统由供水装置、输水管和滴水部分组成。

供水装置：包括水源、水泵、流量和压力调节器、肥料混合箱、肥料注入器。进入滴灌管道的水必须具有一定压力，才能保证灌溉水的输送和滴出（图4－24）。

图4－24 滴灌供水系统

输水管：是把供水装置的水引向温室等滴灌区的通道。对于温室来说，一般是二级式，即干管和支管，滴灌管直接安装在支管上。滴灌管为高压聚乙烯或聚氯烯管，管径有25～100mm不同的规格。温室外的干管埋深0.8～1.0m，在冻土层以下。输水管道上引至温室出水管的管径为37.5～50.0mm，输水管道上需要安装过滤器，以防铁锈和泥沙堵塞。过滤器采用8～10目的纱网过滤，同时要安装压力表阀门和肥料混合箱（容积0.5～1m³）。进入温室的管道一般置于温室中柱或通道前的地面上。

滴水部分：多采用聚乙烯塑料薄膜滴灌带，厚度0.8～1.2mm，直径有

16mm、20mm、25mm、32mm、40mm、50mm 等规格，颜色为黑色和蓝色，主要是防止管内生绿苔，堵塞管道。栽培垄或畦比较短，可选用直径小的软管。滴管带软管的左右两侧各有一排 0.5～0.7mm 孔径的滴水孔，每侧孔距 25cm，两侧滴孔交错排列。当水压达到 0.02～0.05mPa 时，软管便起到输水作用，将软带的水从两侧滴孔滴入根际土壤中。每米软管的出水量为 13.5～27.0L/h。

八、综合环境调节与管理

在现代农业温室中，依靠人的经验、智慧与能力进行的综合环境调节与管理称为初级阶段的综合环境管理。人们只是根据长期实践积累的丰富经验，看天、看地、看作物、看管理作业效果，进行经验积累的、定性的管理。在激烈竞争的设施栽培中，传统的环境调节与管理已远不能满足市场经济发展的需要。除借助一些仪器、设备、装置随时掌握多种环境、作物的变化情况，决定随时采取必要的温度、光照、湿度、营养液施用等措施调节控制与管理外，还应根据生产资料、成本、市场与产品价格及劳力资金情况统筹计划，调节上市期与上市量，以获得较高的效益。

自然因素、作物长势与市场变化往往是错综复杂的。人的精力、运算与判断速度及记忆能力是很有限的。人并不善于长期应付许多重复、烦琐的工作。经验丰富、精明能干的生产能手，也难以始终如一地实现综合环境与市场预测、生产计划的科学管理，何况一般的生产人员就更难胜任了。由于计算机应用技术的飞速发展，特别是单片机性能价格比的不断提高，使温室设施的综合环境调节控制提高到了智能化水平。现代温室设施的综合环境管理，包括综合环境因子与生物信息的自动采集、处理、显示、存储，温度、湿度、光照、营养液配方等优化综合环境的调节与管理，异常情况的紧急处理与报警等。

中国农业大学和华南农业大学等单位研究开发的微电脑数据采集与控制装置，即可实现温室上述要求的综合环境监测与智能化管理。

第三节　观光温室公共设施及其布局

广义上的公共设施是指由政府的公共部门提供的，属于社会公众享用或使用的公共物品或场所。公共设施包含的范围很广，它是满足人们公共需求（如便利、安全、参与）和公共环境选择的设施。它存在于一系列公共社会空间，即那些公共所有的且公众接近的各类公园；也包括那些私人所有及由私人管理但可被公众接近的公司广场、大学校园；还包括私人所有且只服务于特定人群的医院、幼托中心等，只要存在公共生活的地方都存在公共设施或者可以存在公共设施。

观光温室公共设施是指设置于温室环境景观中，为人们观光活动提供条件或一定质量保障的各种公共服务设施系统，以及相应的识别系统，是具有很强的使用功能，又具有一定审美功能的景观设施。观光温室公共设施可以提高温室的环境品质，为人们提供美好的精神空间，使其体会到公共艺术的魅力。

观光温室公共设施的构成：①商业服务设施：售票亭、自动售货机、温室商品展示销售商亭等；②休闲娱乐设施：休憩设施、游乐设施、观赏设施等；③公共卫生设施：垃圾箱、公共卫生间、饮水装置等；④公共管理设施：照明灯具、防护栏、消火栓等；⑤公共解说设施：示意图、公共标识、留言板、意见箱、解说牌等；⑥无障碍设施：观光温室中建筑、交通、通信系统中供残疾人或行动不便者使用的有关设施或工具。

一、公共设施设计的原则

（一）人性化原则

观光温室公共设施的设置要结合温室的特点，充分对温室环境进行开发和利用，始终把握观光人群对温室环境的需求，包括物质使用和精神感受两个方面。设计在以人为本的前提下，从空间组织、设施布局、设施造型等角度出发，综合考虑整体与细部、材质等因素，做到使用功能、经济效益、舒适美观、方便安全和环境氛围等的统一协调。

（二）注重环境整体氛围原则

观光温室公共设施要根据温室环境构成，结合观光温室的界面、场地等空间构成要素，植物这一温室主要元素以及温室特殊的声、光、热等环境因子，从公共设施给人的心理感受出发来进行设计，让人们从视觉、听觉、触觉、嗅觉等方面感受温室环境氛围。

（三）科学性与艺术性相结合的原则

观光温室大多以展示现代农业种植品种、种植技术、景观造景等为主，公共设施的设计要以体现科技水平为出发点，注重其艺术性，以其科技吸引力和艺术创造来满足游人的审美需求。因此，在设计中要把技术性和艺术性密切结合。

（四）时代感与历史文脉并重的原则

公共设施的设计首先应主动采用当代的先进技术手段进行创作，使作品具有时代感；同时，农业的发展是离不开当地物质技术和文化历史发展的，要具有历史的传承性。时代发展和历史文化具有共性，在温室公共设施设计时要与温室景观主题相呼应，注重二者的协调统一，创造出既有时代感又有历史感的作品。

二、公共设施的设计要素

观光温室内的环境空间具有特殊性，其公共设施的设计要从形态、功能、结构、材料、工艺、色彩、尺度、位置、体量、成本、审美等要素方面综合考虑进行。

（一）形态性

形态美与其他要素相比很容易被感知，其设计要遵循形式美法则，综合考虑形态的不同表现形式，创造丰富的形态。温室公共设施在设计上首先要使形式服从于功能，具有满足使用功能的功能形态；并根据温室空间尺度和周围景观、植物环境、行人高度、行走路线等，借助丰富的想象来构建设施的几何形态；以自然界形象、造型及其他要素及类比暗示的手法来突出设施的仿生、装饰和象征形态；以线、面的变化来表现触感形态——通过形态的这些表现形式来丰富形态美的形式和内涵。

（二）功能性

公共设施的功能是指其所具有的功效和被接受的能力，其实质就是功能的载体，每一种设施都具有其独特的功能向人们提供使用便捷、防护安全的服务及情报信息。在设计中要从结构原理和构成形式即内在和外在两个方面统筹考虑。

（三）结构性

结构是指各个组成部分的搭配和排列，是决定产品功能实现的重要途径。结构受到材料工艺、工程、温室使用环境等几个方面的制约。结构由反映造型的外部结构和反映功能的核心结构构成，同时与其他形式载体（如广告与公交站牌）的结合形成了系统结构，产品与周围环境的相互作用和关系形成了空间关系。

（四）材料性

材料是构成设施的物质体，不同的材料物理化学性质不同，所构成的设施质感和功能也不同。温室公共设施设计具有很多特殊性。

观光温室是一个相对封闭的环境空间，内部种植大量植物，需要特殊的环境条件，尤其是热带植物、喜荫湿的蕨类植物，要求温室内保持一定的温度和湿度，植物要定期进行病虫害防治、施用肥料，这种高温高湿等条件决定了观光温室设施选材要以耐防水、防腐蚀的材料为主，在长时期内保持良好的品质及观赏和服务指示功能。

因此，公共设施材料的选择要满足其功能，与环境相协调，符合加工技术条件，同时还要考虑新材料使用性和经济性的协调统一。

（五）工艺性

设施在生产成型、加工、表面处理以及连接等系列工艺流程的技术和手段，通过不同工艺加工处理，可以取得不同的表面效果，同时借用材料本身的材质增强艺术效果。

（六）色彩性

人的视觉对外界的感知首先是色彩占主导，随着时间的推移，才慢慢感知到型和材质。合理进行设施材质设计，可以借助色彩进行功能暗示，以色彩进行制约和诱导；也可以借助色彩的象征作用，来充分发挥设施的功能。同时色彩具有装饰特征，合理运用色彩搭配，可以让人的心理产生不同的视觉效应，使设施具有美感，形成特殊的品位。温室公共空间对色彩的利用要与温室植物和功能设施相互协调，增强公共设施的柔和性和美化功能。

（七）尺度性

公共设施的尺度设计要从造型尺度、人体尺度和整体尺度三个方面进行把握。尤其是观光温室往往是自然景观的微缩，部分区域种植密度较大，各种服务性、游憩性设施和标识系统的布置受到空间限制，因此要着重考虑温室环境空间和游览空间的尺度设计。

（八）位置性

是指设施物品的位置关系，其要置于形式和与它所在环境或范围直接关联的地方，既满足人们的使用需求，又便于清理和维修。

（九）体积性

设计过程中要满足外形大小所占的空间体积，也要完成内部所形成的体积关系，使其与外界环境相协调的同时，内部的使用功能得到充分利用。

（十）成本性

即设施的经济效益，要以较低的成本设计出高质量的公共设施。

（十一）景观审美性

温室各类设施的设置要满足农业生产及游人观光的需求，不影响植物的生长，也不影响游人观光，合理利用空间，与植物及其他温室设备相互结合，相得益彰。

（十二）时间性

人们在观光温室内的游览，是一个动态过程，公共设施的设计要成为环境发展变化的动态推动力，注重设计的个性化和审美的多层次性，通过节奏、韵律等变化规律形成前后更替的概念。同时，通过文化内涵的注入，还可以形成环境的历史变化效果，丰富时间性内涵。

（十三）行为性

公共设施作为温室空间的一种功能载体，与环境中的各要素一起为人们提供服务，与人的行为产生着积极的、相互影响的互动关系。其设计要满足人们活动的目的性和行为规律，根据人对物质的体验时间，针对不同人群对温室环境空间和距离的要求，来营造具有情境和使用功能、与人们产生互动性的设计产品。

三、公共设施分类与设计

（一）商业服务设施

1. 售票亭

置于温室入口处，或者小型娱乐项目区域，其占地面积较小，可以固定设置，也可以根据空间和项目的需要设计为移动式。根据观光温室空间的情况，售票亭以封闭式结构为主，在售票亭前留有足够的空间，避免人流拥挤聚集。

材质可以选用木材、竹材、金属及混凝土等材料。木质、竹材的材质好，体现环保理念，但其耐久性和耐腐蚀性差，因此要选择耐腐蚀的木材或者对木材进行防腐处理。混凝土结构价格便宜、耐久性强，但单独使用景观效果不佳，往往需要进行表面装饰。

售票亭的造型以简洁大方为主，与温室景观的风格相统一，或为古典造型，或为现代抽象造型。木材或竹材结构的售票亭与垂直绿化植物进行搭配设计，景观效果会更好。

2. 自动售货机

要根据游客在温室内观光的停留地点和聚集点进行布置，也可与售票亭结合设计。其设计要考虑实用性，便于拆卸。自动售货机的布置要与景观背景相结合，造型要形象化，具有趣味性，一般成箱型，色彩明快。自动售货机要标明标识（使用方法、销售内容）等。

3. 温室商品展示销售台

观光温室内园艺展示销售台一般置于专门的展示销售区，或者置于观光温室出口附近。展示销售台之间要留有足够宽度的通道，便于人们驻足观赏或挑选。

展示销售台的材质以木材、金属材料为主，并要做好表面防腐措施和美化措施。结合其功能和展示销售产品的性质，展台的结构可以是单层或多层，并设活动式展示销售台，展台之间可以随机组合形成不同的造型。展台的造型可以是简约的集合型，也可以是仿古的博古架，与展示的销售商品形成展示景观。

　　展示销售台的高度要结合展示销售内容灵活设置，以方便游人观赏为原则，高大植物可置于低矮的展台上，各种小型农资可置于多层的博古展架上。

（二）休闲娱乐设施

1. 休憩设施

　　（1）座椅　座椅的设置要考虑向游人提供观赏、休息、谈话和思考的功能，因此应设置在温室相对安静的角落或是提供观赏的空间，周围配置烟灰器、垃圾箱、饮水器等服务设施。座椅的数量根据其向人们提供的服务来确定，休息用座椅以2~3人为宜，观赏性可根据环境空间和整个温室的游客容量及游客游线来计算确定。

　　座椅的造型根据环境空间特点和功能进行设计，其造型主要有单座型和连座型。单座椅的座面宽40~45cm，座面高38~40cm，附设靠背的座椅靠背长为35~40cm，长时间休息的座椅靠背斜度应较大，一般与座面倾斜5°以内。无靠背的休息凳，其宽、深尺寸较自由，一般为33~40cm。

　　座椅根据自身功能的要求和温室场所的要求，一般与亭、廊、种植池等结合设置，与场所融合，可以使用木材、石材、混凝土、陶瓷、金属及塑料等材质。也有独立设置休闲区，用农业元素来分隔空间，设置座椅。

　　（2）绿廊　温室内的绿廊，即花架和藤架，兼顾休息、分割空间和空间通道的功能。其多与各种植物搭配造型，材质可采用防腐木和竹子等天然材料，也可使用塑木等环保材料。

　　（3）凉亭、园舍　根据观光温室景观的需要，可以设置凉亭或园舍，作为休憩、装饰之用。凉亭作为中国传统的造园景观元素，可与小桥、水景等景观要素结合。园舍结合周围环境，或原始古朴，或现代简约。

2. 游乐设施

　　游乐设施多为儿童设置，在观光温室中可单独为儿童设置游乐区，或者为温室内景观一隅。

3. 公共卫生设施

　　（1）垃圾箱　观光温室内垃圾箱主要设置在休息及用餐的环境空间，在沿景观道路边缘也要根据环境空间的内容和距离进行合理布设。

　　垃圾箱的设计以便于投放为原则。观光温室内的垃圾箱体积不宜过大，材质可以选用金属、木材、塑料、预制混凝土等；根据环境空间的特点，垃圾箱可以采用仿生、抽象艺术等造型，使之成为温室环境空间的美化要素。观光温室应采取禁烟制度，以防止影响植物生长。

　　（2）公共卫生间　观光温室内部由于空间所限，一般不独立设置公共卫生间，或设置小型卫生间。公共卫生间的设置要注意其隐蔽性，在温室空间内要用植物、屏风、廊道等进行遮挡；设置在游人比较集中的地方；在造型上要与温室景观风格协调一致，色彩搭配合理；材料的选择要以坚固、便于清洁为原则。由于观光温室为相对封闭的空间，公共卫生间的设置要注意通风和采光，并做好排水系统。

（3）饮水装置　观光温室内的饮水设备多设于游人活动密集的公共空间、儿童娱乐空间和休息空间，避免设于不卫生的场所。

饮水装置的构造物要耐腐蚀，卫生坚固。要特别注意饮水台的高度，在儿童活动区为方便儿童的使用要加设台阶，同时棱角处要进行圆角处理。观光温室内的饮水装置还应注意饮用水的供给，与温室灌溉用水系统严格区分。

4. 公共管理设施

（1）照明灯具　这里的照明灯具主要是指管理用灯，为方便夜间园区的植物养护、园区清洁、设施维修等，一般采用普通钠灯或节能灯。观光温室一般涉及三种类型的灯，一是管理用灯，二是植物补光灯，三是为营造夜间效果的景观灯。可以根据温室设计需求选择，也可兼顾综合设置。

（2）防护栏　防护栏主要起到安全防护、围合、分割空间、疏导人流以及景观装饰美化功能。通常蔬菜农业景观馆的营造大多以蔬菜瓜果为主要表现元素，由于蔬菜果实等不耐接触，在人流量大的时候通常需要防护栏来达到持续景观效果的作用。

根据周围环境景观的类型，合理选择与之呼应的防护栏材料，温室景观以植物、木材、竹材居多，其尺寸比例相对于户外空间防护栏按景观需求相对缩小。

5. 公共解说设施

（1）示意图　温室总平面示意图一般置于温室主入口附近，便于游客进入温室参观前对整个温室功能布局和建设内容有一个了解，熟悉旅游线路。示意图通常采用木质、金属等材质，外形与温室景观主题或当地文化主题相统一，也可为抽象造型。示意图的比例要与温室空间比例相协调。

（2）公共标识　温室内公共标识是引导方向、疏导人流、指示行为、揭示场所形式的视觉识别系统。温室公共标识主要由交通标识牌、导向牌、区域指示牌构成。各类标识牌以外形、符号、图案、文字和色彩向人们传达信息，其造型在与整体景观主题统一的前提下，可以采用直接依附物体表面的平面形态、模仿自然形态、规则形态、抽象形态、复合形态等多种造型，起到丰富和美化温室景观的作用。

标识牌的设置要以层次清晰、醒目明确、美观经济为原则，高度在人的平视范围之内，可以采用装嵌式、悬挑式、悬挂式、基座式、落地式等固定方式，并结合直接、自身或反光照明的形式进行照明装饰。

（3）电子信息板　提升温室科技含量，以现代的数字技术模拟展示温室环境、植物生长、管理控制等生产过程，配以音响效果，丰富温室的景观形式。

（4）留言板 布置于温室出口区，可采用白板、纸质、电子、意见箱等形式。

（5）解说牌 对温室不同功能区、植物、科技、提示、警示等进行注释指示，解说牌风格统一，明视度要高，采用金属、木质、竹材、陶瓷、石材等材质，以植物、仿生、艺术造型来丰富温室景观。也可用电子解说系统，增加音响效果，使景区设计表达在听觉上触动游者。整个温室或同一功能区的解说牌风格统一，明视度要高。

6. 无障碍设施

观光温室中道路和小品建筑等设计需方便残疾人或行动不便者使用。注意温室通道、坡道、专用卫生间的无障碍设计。因温室内湿度较大，铺地材料不宜过于光滑。

第四节 观光温室其他配套设施

在现代农业观光温室中，不仅有以上栽培、环控、公共设施，还有其他方面的配套设施设备，如消防、排水、电气等设备，也是非常重要的。

一、温室电网的设计与布局

温室的用电设备主要有环控设备（湿帘、风机、地热散热端）、灌溉设备、营养液池供水动力设备、河流瀑布助推设备、照明设备、音效设备等。

温室内设备有380V和220V电压的，温室灌溉、照明常用220V电压。有的温室使用了电热线加温，有的温室临时加温炉也需要电力供应；有的温室用电设备较多，如果是水培较多的温室，循环泵、充氧机等使用较多，如有雾培设施，其需要电压较高。温室规划中要充分考虑这些用电负荷，以确保温室用电的可靠性和安全性。

二、温室排水的设计与布局

观光温室内用水设备、设施较多，其排水系统也要配套。种植区部分灌溉排水，控制用水量，做好排水沟、排水管道；有滴灌的区域可适当做好排水系统；在水培区或营养液池等用水区域做好排水管网的设计工作，水培营养液会定期或不定期的更换，排水量较大；有水系景观的温室，其水净化能力较自然水系小，需要进行换水，以满足水中动植物对水质的要求，以及清澈、无异味等美化标准，所以需要铺设排水管网；另外，还要考虑温室日常清洁污水的排放。综合考虑排水量，以上排水管网可以并用，由各部分分管汇到主管道中，统一排到室外，排水管道可预先埋入地下，以保证温室的整体效果。

三、温室声光系统的设计布局

温室内配备音响设备，可以播放自然界的声音，如鸟叫、蝉鸣等，也可以播放科普知识或游客信息等。利用音响效果，既可以烘托场景气氛，增强艺术感染力，声景并茂，也可以方便游客。

景观灯，因费用较高，可根据需求设置。利用灯光的缤纷色彩，营造不同区域、景点的环境，让园区内的各种景观在先进的照明技术辅助下，更加生动、更加绚丽（图4-25）。景观灯主要在温室内园路、廊道、水景、山体以及植物造型等处设置，配合温室景观，形成明暗交错、主题分明的效果，营造特殊的环境氛围。灯具材质可以采用金属、塑胶、陶瓷，也可以采用石材，或者采用木质园灯，因主题风格而定。

图4-25　温室声光系统

四、温室消防安全

温室内要设计独立的灭火水源或消火栓，要有足够合理的疏散通道，室内如遮阳网、防虫网和电缆线以及各种植物、构筑物，一旦着火，很难控制。如设办公室或其他休闲房间，则需要设置自动喷水灭火系统；温室内应满足自然排烟的要求。

第五章
观光温室景观设计

第一节 观光温室景观设计原则

　　景观的发展对景观设计有着促进和指导作用。景观是一个综合的整体，属于艺术的范畴，它是在一定的经济条件下实现的，必须满足社会功能，符合自然规律，遵循生态原则，缺少了其中任何一方，设计就存在缺陷，这就要求在景观设计中应遵循一定的原则。

（一）视觉美原则

　　景观一词最初的含义主要关注景观的视觉特性。景观是视觉美，景观即风景，是画家描写的大地上的景物，是画框里的艺术品。一件好的景观设计作品，应该在满足生态和使用功能的同时，也是一件美的艺术作品。因此，景观设计最基本的原则是遵循视觉美。

　　景观设计的美感通过景观形式来表现。景观形式构成的基本要素具备一定的形状、空间、大小、色彩和质感。景观设计中，景观形式不是以单一形式出现的，各要素之间相互作用产生一系列组合规律，如多样统一、对比与协调、对称与均衡、比例与尺度、抽象与具体、节奏与韵律。在温室内部景观设计中合理而创新地运用这些规律，不仅能表现景观的视觉效果，也能协调景观与周围环境之间的关系。2011 年寿光蔬菜博览会上，主题景观温室入口处的"欢欣鼓舞"景观节点，以十二生肖生动活泼的造型来表达"社稷经纶地，风云际会期。四海襄盛举，天涯共此时"的情境，这一组合景观，在变化中有统一，居中的生肖兔造型稍大，体现对比与协调的手法。在彩色植物扦插墙背景和地被植物的映衬下，这一景点的视觉体验很丰富（彩色插图1）。

（二）以人为本原则

　　景观设计得以存在的根本是为了满足人类自身对于美好生活环境的向往。人的需求并非完全是对美的享受，真正的以人为本应当首先满足人作为使用者的最根本需求。在传统社会里，景观设计是一种非平民式的艺术，是地位的象征，用以表达统治阶级的理想、权力和艺术。随着城市化进程，景观设计走上了平民化的发展道路，今天的景观涉及人们生活的方方面面，景观设计与人们的生活息息相关，真正体现出景观设计的人本主义功能。现代景观设计最终是为人类创造出更为幽雅的活动场所（彩色插图2）。观光温室以农业元素为主，表达农业特色、信息和韵味，供人们休闲活动之用，体现以人为本，满足观光需求。

（三）文化原则

景观所处的社会环境不同，以及人们所受的教育、价值观、审美观的不同都对温室内部景观设计产生深远的影响。景观形象在景观设计中起主导作用，在温室景观创作中，不能以自己的主观想象来确定其风格，要先对所服务地区的社会文化、历史背景、传统风格有所了解，才能使作品得到当地大众认可，具有旺盛的生命力（彩色插图3、彩色插图4）。

（四）生态原则

景观设计的生态原则要求我们在景观设计的过程中，正确处理好人与自然之间的关系，尊重自然，维持自然生态系统平衡。自然生态系统与人类社会系统在不断地进行着物质、能量和信息的交换，是维持人类生存和满足人类需求的途径。景观设计的生态原则强调人与自然生态系统的共生和合作关系，通过与自然生态系统的共生与合作，从而达到减少景观设计生态影响的目的。在温室内部景观设计中，对场地生态发展过程的尊重、对物质能源的循环利用、对场地自我维持和可持续处理技术的倡导，都体现出了浓厚的生态理念（彩色插图5）。

（五）科普教育原则

温室景观设计依据具体主题和表现形式，往往兼有科普宣传和教育功能，例如以农业发展史或现代农业先进栽培模式展示等为主题的温室景观，景观设计要综合以上原则的同时，突出现代农业的宣传教育（彩色插图6）。其目的是游人对农业认知，了解现代农业发展方向和科技水平，同时展示植物生长的过程和植物赖以生存的环境，切实感觉和体会农业的魅力，促进农业的发展。

第二节　观光温室场地设计

农业观光温室景观设计是农业和景观艺术的有机结合，场地设计既要满足农业生产的要求，又要体现园林景观具有美的自然环境和游憩境遇的要求。借鉴场地规划与设计、园林设计、观光农业规划的一般方法，结合实践经验，对农业观光温室场地设计的概念、工作内容及设计手法等方面进行论述。

一、场地设计的概念

场地设计，简单而言是一种景观空间的组织和营造。具体来说，农业观光温室场地设计是对温室场地内各种构筑物、道路、作物及其他设施做出综合布置与设计，将农业生产行为以园林景观的形式向广大城乡居民、学生和农民朋友进行展示和示范，为人们创造和提供一个学习、了解、体验农业新型环境的场所。场地设计是农业观光温室设计的重要环节，是决定温室景观设计成功与否的基本条件。

二、场地设计工作内容

农业观光温室场地设计的内容一般包括以下几部分。

（一）场地分析

设计师一般通过对场地资料的搜集与研读，以及现场踏察获取并深入分析该农业观光温室的场地特征和项目经营者开发的意图、主题和特色。在此基础上，针对项目要求提出初步解决方案，为进一步充分创造、安排出满意合理的种植场所和展示平台提供基础。

（二）场地布局

场地布局需要结合场地分析，根据项目具体的功能要求，确定该农业观光温室功能区以及功能区之间、功能区和整个温室场地间的相互关系，并对场地进行平面布置。一般而言，根据主导功能的不同，观光温室分为餐饮经营型、观光休闲型、生产展示型。不同主导功能的温室功能空间的划分也有区别。以生产展示型为例，生产和展示内容又可以分为蔬菜瓜果、园艺花卉、热带植物等，因此，在进行场地布局时需考虑植物对可控环境因子的同一性要求；同时，为满足生产和展示的功能要求，在空间划分上还要满足生产作业等活动的需求。

（三）道路组织

道路组织指合理安排农业观光温室场地内的各种线路、速度以及容量，尽量避免交叉干扰以保证游览、生产工作等的安全和效率。从景观角度出发，线路的设计要能对参观者有一定的引导作用。在农业观光温室中可以灵活运用植物材料、栽培廊架、水体、铺地等材料来引导游客。如有韵律感的植物列柱或连续的由植物装饰的多种形式的栽培廊架等具有明显的组织引导前进的作用；以变化的水流速度、水面小大暗示行动路线，将游人引导至主要空间；踏步、台阶由于能给游人带来视点高低的变化也具有较强烈的引导性。

（四）竖向设计

竖向设计是要通过地形塑造和温室各部分场地标高设计，满足农业观光温室内栽培系统的要求，合理组织和限定空间，引导游人视线，为营造丰富的景观层次提供一个好的载体。观光温室内的栽培系统一般包括常规土壤种植和无土栽培两大类。常规土壤栽培为适合观光的需要，在地形上可以做一些改变，如堆砌微地形，种植一些观赏性植物。无土栽培主要有基质栽培和水培模式。由于无土栽培的载体是容器类，所以在地形上一般要求比较平整，以便于放置基质箱、袋或者立柱等。在地形上起伏变化不宜太大，但设施本身已有空间竖向上的变化。有类无限生长型蔬菜可以培育出树式植株，如番茄树、空中番薯、冬瓜树、辣椒树等，充分利用竖向空间，采用高空廊架，综合应用水培栽培模式和树式栽培模式，形成空中结果的科技景观。竖向设计是农业观光温室的独特之处，具有较高的观赏价值。

（五）环境营造

环境营造是指运用主体景观元素如园艺花卉、蔬菜瓜果等材料，结合文化及设计定位采取多种形式，创造出宜人的温室景观空间。一般的景观设计手法也可以在这一过程中加以利用，以下列举几种常见的空间设计手法。

1. 对景

农业观光温室环境营造是在一个室内空间，观赏角度受限，因此对景是经常用到的造景手法。如农业观光温室内也会涉及假山、水体景观的营造，这时在水体上设置亭廊，相对一侧设置假山叠水，即形成一种对景的关系。

2. 隔景与障景

隔景和障景的场地设计手法一方面体现了"佳则收之（隔景），俗则屏之"的思路，另一方面也是营造不同空间感受和心理感受的限定性空间的需要。农业观光温室中隔景可以通过能使视线穿透的镂空植物墙、绿化装饰的竹质、木质隔断或立柱式、管道式无土栽培模式来实现。障景则可以通过不具通透性的无土栽培墙体模式、扦插植物墙体或农业元素景观墙体雕塑来实现。

3. 尺度与比例

农业观光温室场地设计的尺度主要依据人们在温室空间的行为、温室建筑的结构与规模以及栽培的园艺作物的株型大小等。这就需要设计者多从实际感受中去把握温室这一四面围合的建筑的空间尺度，并了解园艺作物的形态。比如番茄树、辣椒树等园艺类特殊新奇品种的展示需要设计特殊廊架，这时尺度大小需拿捏合宜，太大或太局促都不可取，太大一方面受到建筑结构与规模的限制，另一方面使蔬菜树看上去枝、叶、果稀疏，给人带来未尽其用的荒芜感甚至技术、管理不到位的错觉；过于局促则会显得拥挤和狭小，难以给人带来舒适的场地空间感受，而是希望尽快逃离这个压抑甚至有危机感的空间。

4. 质感与肌理

　　植物类农业元素如蔬菜、花卉、瓜果、南方绿植等奠定了农业观光温室的景观主基调，其他场地设计的质感和肌理主要体现在铺装以及构筑物、小品所选取的材质上。不同材质通过不同的手法可以表现出不同的质感与肌理效果。农业观光温室的特色材质是水灵的瓜果、清新的蔬菜、娇艳的花卉，以上材质经过一定设计手法合理堆砌成景观，配以不同气势（或逼人、或玲珑、或挺拔）、不同纹理（或细致、或粗糙、或坚硬）和不同色彩（或青灰、或青绿）的山石和不同形态的水体（或细腻活泼、或清幽平静），就形成了农业观光温室的特色，带给人们不同的感受。

第三节　观光温室道路设计

　　观光温室的园路是组织和引导游人观赏景物的驱足空间，与建筑、水体、山石、植物等景观要素一起组成丰富多彩的游赏空间。而道路又是游赏空间的脉络，把各个空间景点联成整体，起着组织空间、引导游览、交通联系并提供散步休息场所的作用，它的规划布局及走向必须满足该区域使用功能的要求，同时也要与周围环境相协调。

一、园路设计

　　园路要主次分明。要从温室的使用功能出发，根据地形、地貌、景观点的分布和园内活动的需要综合考虑，统一规划。园路须因地制宜，主次分明，有明确的方向性（图 5 - 1）。

图 5 - 1　园路设计

（1）主路　主路要能贯穿园内的各个分区、主要风景点和活动设施，形成全园的骨架和回环，因此主路最宽。全园主路图案的拼装应尽量统一、协调。

（2）支路　园中支路是各个分区内部的骨架，联系着各个景点，对主路起辅助作用并与附近的景区相联系，路宽依公园游人容量、流量、功能及活动内容等因素而定。一般而言，主路设置宽度为 2～4m，支路宽度为 1.0～1.5m。支路自然曲度大于主路，以优美舒展、富于弹性的曲线构成有层次的景观。

（3）小径　小径是园路系统的末梢，是联系园景的捷径，最能体现艺术性的部分。它以优美婉转的曲线构图成景，与周围的景物相互渗透、吻合，极尽自然变化之妙。游人可以进入各区、景观点近距离观察植物，触摸植物，达到亲身体验、亲近自然的目标。一般而言，小径通常用踏步来实现，一般选取 0.6m 左右的宽度。

二、园路铺装

我国古代常用的传统铺地材料有：石块、方砖、卵石、石板及砖石碎片等。在现代景观营建中，除沿用传统材料外，水泥、沥青、彩色卵石、文化石等材料正以各种形式为景观工作者广泛采用。传统的路面铺地受材料的限制大多为灰色并进行各种纹样设计，如用荷花象征"出污泥而不染"的高尚品德，用兰花象征素雅清幽、品格高尚等。而在现代景观的建设中，继承了古代铺地设计中讲究韵律美的传统，并以简洁、明朗、大方的格调，增添了现代景观的时代感。

目前较为流行的是鹅卵石、花岗岩、透水砖等铺路。原因是工厂化成本较低、颜色品种多，且可以重复使用。花岗岩形状有方、长方、六角、弧形等，变化很多，可拼成各种各样的图案。平板冰片路是用不规则的花岗岩石、青石板等精心错开铺设而成。它的特点是"乱"，忌规则。在铺砌过程中尽量避免连成直线或相互平行，两块石板之间缝隙越小越好，接缝不能露太多的水泥，形成的纹理以三角形居多，四边形其次，五边形最少［图 5-2（1）］。木片小径，用鹅卵石和木材切割后作覆盖材料，实木踏步质感生态，纹理清晰，具有自然野趣［图 5-2（2）］。此外，还有用光面混凝土砖与深色水刷石或细密条纹砖相间铺地，用圆形水刷石与卵石拼砌铺地等。用砖铺路可铺成人字形、纹形等形状。砂砾小径，可铺成斑点，还用各种条纹、沟槽的混凝土砖铺地，在阳光的照射下，能产生很好的光影效果，不仅具有很好的装饰性，还减少了路面的反光强度，提高了路面的抗滑性能［图 5-2（3）］。彩色路面的应用，已逐渐为人们所重视，使路面铺地的材料有较多的选择并富于灵活性。它能把"情绪"赋予风景。一般认为暖色调表现热烈兴奋的情绪，冷色调较为幽雅、明快，明朗的色调给人清新愉快之感，灰暗的色调则表现为沉稳宁静。因此在铺地设计中要有意识地利用色彩变化，这样可以丰富和加强空间的气氛。较常采用的彩色路面有：红砖路、青砖路、彩色卵石路、水泥调色路［图5－2（4）］、彩色石米路等。随着新兴材料的增多，园路的铺装五彩斑斓。

(1) 双色石材碎拼铺装　　　　　(2) 实木与鹅卵石组合铺装

(3) 人字形细密条纹砖铺路　　　(4) 彩色路面（红砖、彩色水泥路）

图5－2　园路铺装设计范例

第四节　观光温室景观山体、水体设计

一、景观水体的用途

在景观中水体的用途非常广泛，而在温室景观方面，水体的用途更是重要。主要的用途有以下几方面：

（1）以水造景　喷泉、瀑布、池塘等，都以水为题材，水成了景观的重要构成要素，也引发无穷尽的诗情画意（彩色插图7）。水体不同形状、深浅、宽狭的设计，象征着不同的地理环境：溪流、池湖、港湾、半岛、河埠……有着不同的景观，体现地方特色，具有文化内涵，起着不同的生态作用。

（2）提供生产用水　生产用水范围很广泛，除在设有灌溉设施的温室外，最主要是植物灌溉用水，其次是水产养殖用水，如养鱼、蛙等。这两项内容同景观面貌和生产、经营是息息相关的。

（3）提供观赏性水生动物和植物的生长条件，为生物多样性和景观效果创造必需的环境 如各种水生植物荷、莲等的种植和鱼类等的饲养（彩色插图8）。

（4）以水面作为空间隔离 创造景观迂回曲折的线路，隔岸相视，可望而不可即也。

以上是景观水体的主要功能，除此之外，还有防灾消灾、调节温室空气湿度等作用。

二、景观水体要求及设计布局

农业温室景观水体设计时，需构筑防水层，以保持水体有一个较为稳定的标高，达到景观设计要求。水体设计中对水质有较高的要求，必须以过滤循环方式保持水质，或定期更换水体。这时，必须构筑防水层，与外界隔断。绝大部分的音乐喷泉、游泳池、水上世界是这样的。从水体的过滤、更换，以及设备的维修和安全角度看，喷水池不必求深。浅池的缺点是要注意管线设备的隐蔽，同时也要注意水浅时，吸热大，易生藻类。

依水景观是水景设计中一个重要的组成部分，由于水的特殊性，决定了依水景观的异样性（彩色插图9、彩色插图10）。在探讨依水景观的审美特征时，要充分把握水的特性，以及水与依水景观之间的关系。利用水体丰富的变化形式，可以形成各具特色的依滨水景观，园林小品中，亭、桥、榭、舫等都是滨水景观中较好的表现形式。

小桥流水是中国园林及风景绘画的典型景色。在规划设计桥时，桥应与园林道路系统配合、方便交通；联系游览路线与观景点；注意水面的划分与水路通行；组织景区分隔与联系的关系。

水体可配合其他水景，如观赏鱼、水生植物、喷泉等。以瀑布、涌泉作为动力，创造水位高差，让水体自然循环流动，产生溢水、跌水、涓流、萦流等动态水景观；增加水体与大气、沙石的接触，提高含氧量。古谚"流水不腐"是水景设计的座右铭。

三、景观山体要求及设计布局

山石是一种重要的造景素材。"园可无山，不可无石"，"石配树而华，树配石而坚"。今天，景观用石尤广，能固岸，坚桥，又可为人攀高作蹬，围池作栏，叠山构峒，指石为坐，以至立壁引泉作瀑，伏池喷水成景。品石中较典型的有太湖石、黄石等。品石，在景石造型中，可作园景的点缀，陪衬小品，也可以石为主题构成依水景观的中心。在运用石材时，要根据具体素材，反复琢磨，取其形，立其意，借状天然，方能成"片山多致，寸石生情"的增色景观。

温室景观因空间限制，山体都为假山，有真石堆砌和仿制塑石、塑山之区别（彩色插图11、彩色插图12）。这里所指的"假山"，是相对于自然形成的"真山"而言的。假山的材料有两种，一种是天然的山石材料，仅仅是在人工砌叠时，以水泥作胶结材料，以混凝土作基础而已；还有一种是以水泥混合砂浆、钢丝网或低碱度玻璃纤维水泥（GRC）作材料，人工塑料翻模成型的假山，又称"塑石"、"塑山"。

设计者和施工者，胸中要有波澜壮阔、万里江山，才能塑造崇山峻岭、危岩奇峰、层峦险壑、细流飞瀑。宋·蔡京在《宣和画谱》中说"岳镇川灵，海函地负，至于造化之神秀，阴阳之明晦，万里之远，可得咫尺之间，其非胸中自有丘壑而能见之形容者，未必能如此。"王维在《山水诀》中有"平夷顶尖者巅，峭峻相连者岭，有穴者岫，峭壁者崖，悬石者岩，形圆者峦，路迫者川，二山夹道名曰壑。"这些对各种造型山姿的描述，可供参考。

山石是天然之物，有自然的纹理、轮廓、造型，质地纯净，朴实无华，但是属于无生命的建材一类。因此山石是自然环境与建筑空间的一种过渡，一种中间体。"无园不石"，但只能作局部景点点缀、提示、寄托、补充。切勿滥施，导致造价昂升，失去造园的生态意义。

山水景观以其独特的观赏特性和美学表达方式，在景观设计中占据着重要的地位。它表现形式多样，易与周围景物协调统一，同时灵活，巧于变化，能够丰富山水的设计。

第五节　观光温室的植物景观设计

一、植物景观布局原则

植物景观布局既是一门科学，又是一门艺术。完美的植物景观设计，既要考虑植物的生态习性，熟悉各个植物观赏性能，了解植物自身的质地、色泽、美感及绿化效果，又要注意植物种类间的组合群体美是否与四周环境相协调，以及具体的环境条件，这样才能充分发挥各个植物绿化美化的功能，为景观增色添辉。

在现代农业观光温室中，为了达到更好的景观效果，以吸引不同阶层的游人和符合观光园区的需要，温室内部应做好植物景观布局。一般在温室内为了达到良好的观赏效果，种植了多种不同科、属的植物，植物彼此之间所需要的温度、湿度、光照要求等都不相同。如瓜类喜欢光照充足、温度较高的环境，而芳香类植物和花卉类植物则喜欢弱光的条件，温度一般也不需要很高。同时为了达到移步换景的目的，要求植物生长茂盛，空间范围内都要有植物的分布。所以，在植物布景时应该遵循以下几个原则。

（一）同类植物相近原则

同类植物相近原则指生长习性和其本身对外界生长环境条件的要求如温度、湿度光照等相差不大的植物要安排相邻地块种植。在观光温室中，植物的生长布局大体上可以分为两种形式，一种是以种植连片的植物形成的景观，参观路线自然地把各个景观分离开来；另一种是在农业观光温室中建造人为的景观，让植物生长在人造景观周围，使之融为一体，形成真正供游人欣赏的景观。在这两种形式的景观中，都要遵循同类植物相近原则，把耐热植物（彩色插图 13）、喜凉植物、喜光植物、耐阴植物区别开来，分别安排到不同的种植区域。这样做的好处是便于管理，植物的一些基本生长要素通过温室调配可以尽可能得到满足，使植物生长得更健康和茂盛。如瓜类安排在一起种植，茄果类安排在一起种植（彩色插图 14），花卉类、芳香植物类、高大灌木类等都分开种植。

（二）空间搭配原则

在观赏园艺中，植物应有合理的空间搭配。在造景的过程中要注意植物的空间布局，例如植物的空间比例、高低错落、远近协调等。植株比较高大的蔬菜植物像黄瓜、番茄、吊蔓南瓜、苦瓜、蛇瓜等，在园区中应用时要和一些低矮植物相结合，如紫甘蓝、苋菜、观赏生菜、叶甜菜等。此外还有一些人造景观，如廊架、亭子、蔬菜树等，把植物和这些景观进行合理组合，利用植物本身或者人造景观遮挡游人的视线形成障景，激发游人好奇心理，以此带动游人在好奇心的驱使下游览园区，再利用园区内合理的参观路线及各个不同景观，使游人移步换景，达到全程游览的目的。

（三）与人造景观主题相结合的原则

在农业观光温室内，除了通过植物种植，按照合理的布局形成的自然景观外，为了增加景观效果，体现特色和情趣，一般要在温室景观中利用现代园艺技术模仿自然界生物或自然景观，同时建造各种小品，以增加园区趣味性，提高园区档次。天津杨柳青果蔬博览园四个观赏园区的定位不同，各园区景观植物的选择也不同。福园的定位是品种园，主要展示新、优、奇、特品种，兼向游人展示未来市场具有潜力的品种，因此园区内选种植物是国内外最新的蔬菜品种和长相奇特的瓜菜，如麦克风南瓜、马克思大南瓜、各种观赏椒等。禄园的定位是科技园，主要展示现代高科技在农业中的应用和目前国内外比较先进的种植模式，并重点推广具有生产价值的栽培方式。寿园的定位是养生园，主要种植芳香植物，如薰衣草、罗勒、香茅、百里香等，芳香植物自然散发香气，有清新提神、洗肺健体的作用。禧园的定位是丰收园，主要展示南果北种技术，园区内部主要栽植南方果树，如香蕉、菠萝、荔枝、番木瓜等。再如在景观小品中植物应选用比较矮小的地被植物，在地被植物中要选择扦插易成活、耐干旱、生长速度缓慢的植物，同时还要考虑不同颜色之间的搭配。廊架上的植物要选用适于悬挂或易于攀爬的植物，同时应考虑和园区的主题相呼应。因此，园区的定位不同，内部种植的植物不同，人造景观的植物选择也就不同。所以植物的选择一定要遵循与景观主题相结合的原则。

（四）因地制宜原则

所谓因地制宜，就是在园区内种植的植物要适应温室的环境条件，在温室环境中生长发育良好。任何一种植物都需要有适宜生长的环境，所以在温室景观设计中必须遵守这一原则。首先要了解温室中土壤的土质及酸碱度以及温湿度等情况，还有当地水质和酸碱度情况等，然后选择植物，必要时还要人为地改变一些基本条件，如土壤的 pH 等。

二、影响植物景观效果持续的因素

（一）温室

观光温室的类型对于景观营造效果有一定的影响。温室的类型主要有连栋温室、日光温室和冷棚，用于室内造景的有连栋温室。温室的形状及高低等对景观效果的表达有一定局限性。首先，观光温室的形状影响景观效果的表达，温室内部边缘景观效果的表达随着温室形状——矩形、圆形或异形等进行调整；其次观光温室的高低也是影响景观效果表达的一个因素，当温室内部高度较矮，对景观效果表达有一定局限性时，景观效果随着观光温室的高低进行调整，以满足游人在内部游览的视觉效果。在温室内部景观植物的选择上，大型植物少量选择，合理搭配中小型植物，以达到空间上的适度尺寸。如观光温室本身内部高度够高，温室内部选择植物的范围广些，可适当选用高大植物来达到预期景观效果。

（二）主题

观光温室内部景观设计的主题不同，其表现出的景观效果持续性也是不一样的。如以南国风情为主题，则观光温室内部景观运用南方植物较多，营造出南方的热带景观效果，加上南方果树的奇特观赏效果等，让人感受在北方采摘南方果树的乐趣，此景观为持续性景观，景观效果四季常青。如景观设计主题是以当地文化历史为底蕴的农业观光园，则其景观表达以当地文化底蕴或历史典故等主题统领全园景观，用农业元素进行表达，为达到良好的景观效果，农业植物应随着生长周期进行更替。若温室内部景观以农业新品种展示为主题，温室内部景观设计上则侧重于新品种展示，然后稍微做些景观点缀即可，温室内部农业植物应进行及时更替、合理搭配、错落有致，以达到良好的景观效果。

（三）植物选择

温室内部景观设计中植物的选择首先要考虑温室内部景观设计的主题，主题不同，选择的植物也不同。其次要考虑植物所处的位置及其所承担的生态服务功能。环境的营造要给人以亲近感和对环境的认同感，植物的来源以能够购买到为标准。在满足其生态学特性的基础上，还要考虑观赏性和养护管理的难易。

在植物景观设计上，应充分考虑生物多样性、多品种组合、多层次种植、营造良好的生态环境，以利植物的持续性生长和景观的永续利用。在植物选择上，多方组合搭配，增加绿化复层种植结构，使植物不同类型间优缺点互补，达到相对稳定的造景覆盖层，并创造丰富的植物人工群落，最大限度地增加绿量。将植物花期错落开，配以植物色彩上的搭配，使景观在四季中均呈现绚丽色彩。

（四）茬口安排

在农业型观光温室内部运用农业作物作造景元素时，要根据当地的物候期和植物的生长周期来进行茬口安排。观光温室中的茬口安排除了要注意常规种植要求以外，还要注意景观的连贯性。农业型观光温室一旦开放接待游人，室内植物需要保持四季常青景象，不允许因为换茬的原因出现与整体的景观不协调的现象，那么对植物的养护和换茬就有更高的要求。

观光温室中植物的茬口安排主要有观赏区的茬口安排和廊架的茬口安排。

1. 主要观赏区的茬口安排

目前，部分观光温室有以品种展示或产品展示为功能，把大面积的种植相对集中到几千平方米的地方来展示，在较小的温室空间达到高展示度的目的。一般在主要的观赏区都是进行无土栽培，无土栽培的容器一般采用的是泡沫箱、黑白膜、水泥槽等，目的就是方便参观和游览。观光园区中，对植物的茬口安排是与上茬相对接，在上茬结束前一两个月提前进行替换育苗，因观赏温室景观换上的植物需要马上具备观赏性，所以在育苗温室中的工作要远远大于在观光温室中的工作。在日光温室中把植物养到具有观赏性的时候，换到观光温室中，这样观光温室内部景观才能够始终保持四季常青，为游人提供周年服务。

2. 廊架的茬口安排

廊架是观光温室内部景观中的重要组成部分，一般是作为划分不同植物生长区域的分界线，同时也是游人参观游览的主要通道或休憩场所。廊架的茬口安排大体上和主要观赏区的茬口安排相同，但是在育苗温室中的工作量更大。廊架种植的一般是地栽植物和垂吊植物，地栽植物定时修剪就可以，但是垂吊植物就不同了，一般垂吊植物选用的是矮牵牛、常春藤、薄荷、吊竹梅、吊金钱等，这些植物从育苗到长成具有参观效果需要很长时间，这些都是在育苗温室中完成的。一般情况下，根据这些植物的生长周期，按照一般的育苗时间要相应地提前一个月到两个月开始育苗。也有些多年生藤本植物，则只需要在观光温室中修剪养护。

（五）科学种植与高新技术的应用

现代的科技发展日新月异，对农业的影响也是极其深远的，最主要的表现就是近年来无土栽培在农业上的广泛应用。所谓的无土栽培就是不用天然土壤，而用营养液或固体基质加营养液栽培植物的方法。无土栽培是以人工创造的植物根系环境取代土壤环境，除了满足植物对矿物质营养、水分和氧气的需要外，还可以人工对这些环境加以控制和调整，从而使其生产的产品无论从数量上还是从品质上都优于土壤栽培。

无土栽培从早期的实验室研究开始到现在在生产上大规模应用，已有100多年的历史。无土栽培在这期间已从1859—1865年德国科学家萨克斯（Sachs）和克诺普（Knop）最早用于植物生理研究的无土栽培模式，发展到许许多多的无土栽培类型和方法。大多数人根据植物根系生长环境的不同，将无土栽培分为无固体基质栽培和有固体基质栽培两大类型。而在这两大类型中，又可根据固定植物根系的材料不同和栽培技术上的差异分为多种类型。

固体基质无土栽培类型现在被广泛运用。固体基质无土栽培类型是指植物根系生长在以各种各样天然或人工合成的材料作为基质的环境，利用这些基质来固定植株并保持和供应营养液和空气的方法。由于固体基质无土栽培类型的植物其根系生长环境接近千万年来植物长期已适应的土壤环境，因此可更方便地协调水、气的矛盾，而且它的投资较少，便于就地取材进行生产。有固体基质的无土栽培所用的基质不同，有岩棉培、泥炭培、（石）砾培、锯木屑培或蛭石培等。

（六）植物的日常管理

观光园中温室的日常管理是非常重要的环节，直接影响到植物的效果，如温室环境调控、植物管护、园区的干净与否，这些都会影响植物的生长。

1. 温室的管理

温室的管理主要体现在温室的温湿度调控和光照调控两个方面。植物的生长离不开温度、水分和光照，要在有限的温室空间内满足植物生长适宜的温度、湿度和光照，需要对温室进行精心的管理，这在后面章节中具体介绍。

2. 员工的管理

内部员工的管理工作体现在植物的养护、卫生的保持、能源的节省、消防安全的认知程度等方面。在植物养护方面，主要是对植物进行合理的绑蔓、引导、疏枝，及时摘除下部的病残叶、黄叶和老叶，使植物保持勃勃生机、绿意盎然的景象。在卫生保持方面，要及时清除园区垃圾，特别注意卫生死角，给游人创造一种舒适的游览空间，防止病菌的滋生繁衍。

3. 游人管理

游人是观光园区的主要参观者，也是园区的宣传者，还是园区经济收入的创造者。可以说园区的观赏性和旅游农业的价值均体现在游人的评价上，园区所做的努力，也是为游人准备的。引导游人按照既定的参观路线游览园区，争取让游人参观到园区最美、最亮的景点。为了方便游人，园区内部应设专业导游，为游人进行游览引导和解说。对一次进入园区的人数要加以限定，如超出接待能力，就会对园区内部景观造成伤害。进入园区之前要告知游人园区的规定和进园后的注意事项，特别是团队旅游，更是如此。

第六章
观光温室的植物种类及其养护

第一节　温室蔬菜

在观光温室中，常使用观赏蔬菜进行植物搭配，也有以展示高产、优质新品种为主的观光项目，本节所介绍的蔬菜品种是观光温室通常使用的品种。

一、观赏蔬菜

观赏蔬菜是近几年发展起来的，主要指既有食用价值又有观赏价值的一、二年生或多年生、适用于室内外布置、美化环境并丰富人们生活的植物总称，在这里主要指能够点缀温室内部作为观赏景观的蔬菜，统称为观赏蔬菜。人们不常见到或植物本身某些方面有异于常规植物的蔬菜都可以归为此类，此类产品更具观光价值，往往给游人留下深刻的印象和惊叹之感。

根据观赏部位，把观赏蔬菜分为观赏果实、观赏叶片或茎、观赏根部这几个部分。其中种类比较多的是观赏果实和观赏叶或茎，因为生物技术的发展，很多果实发生了变异，表现出不同形状，其中有一部分就是专门作为观赏的品种，可以储藏一段时间，甚至留作纪念品都可以。最为典型的观赏南瓜，颜色、形状都很丰富，深受广大游客的喜爱。

（一）观赏果实类

观赏果实以观果为主，这类蔬菜又可以分为茄果类、瓜类、叶球类和豆类。

1. 茄果类

主要包括茄子、辣椒、番茄、人参果等。

（1）茄子（*Solanum melongena* L.）　茄科茄属，一年生草本植物，多年生灌木。根据不同形状又分为长茄、圆茄、鸡蛋茄；颜色各异，有紫色、黄色、白色、青色等（图6－1）。茄子在温室中主要是观赏果实，常见的就是用绳或用竹木支架将茄子的枝蔓绑缚固定起来。

（2）彩椒（*Capsicum frutescens* L.）　茄科辣椒属，品种丰富，主要观赏

图6-1　观赏茄子

的是不同品种果实的颜色，有紫色、红色、绿色、黄色、白色等（图6-2）。甜椒的生长主要是二杈整枝，枝较脆，不易造型，常见的是用绳子或用竹木支架将甜椒的枝蔓绑缚固定起来。

图6-2　观赏彩椒

（3）观赏椒 ［*Capsicum frutescens* L. var. *fasciculatum* （*Sturt.*） *Bailey*］
茄科辣椒属，喜温暖，耐热耐湿，观果，果实颜色有紫色、黄色、红色等，
有的果实形状为灯笼状，有的为长锥形，有的为球形（图6-3）。果实颜色和
形状都具有观赏性，且可以食用。因为耐热，可以在温度较高的环境中常年
种植，尤其利于旅游观光中常年开放的温室。

图6-3 观赏五彩椒

（4）番茄 （*Solanum lycopersicum*） 番茄别名西红柿，茄科番茄属，喜温
不耐霜冻，现在在温室内的多为无限生长习性的品种。果实颜色多样，有红
色、黄色、绿色、紫色等（图6-4），无论哪个品种都具有很高的观赏和采
摘价值。

图6-4 观赏番茄

（5）人参果（*Herminum monorchis*（L.）
R. Br.） 人参果别名人头七、开口箭，茄科茄
属植物，喜温喜湿，果实梨形、椭圆形，果色
乳黄色，皮上有彩色条纹，主要是观赏其果实
（图6-5）。人参果植株枝茎较软，不易折断，
在温室内观赏多使其枝茎缠绕在固定的架子
上，以便更好地观赏果实，如将枝茎缠绕在圆
柱的架子上，结果时留取外围果等。

图6-5 人参果

2. 瓜类

主要包括观赏南瓜、佛手瓜、蛇瓜、西瓜、甜瓜、丝瓜、瓠子瓜、苦瓜、
西葫芦等。

（1）南瓜（*Cucurbita moschata*） 南瓜别名倭瓜、番瓜、北瓜，葫芦科南
瓜属，喜温喜湿，主要是观赏果实。观赏蔬菜中品种最为丰富的就是南瓜，
形状各异，色彩丰富，形状有长圆形、梨形、蝶形、球形等，颜色有橘红色、
黄色、绿色、白色等，有的是两种颜色相间，有的表面光滑，有的则凹凸不
平，有的凹沟较深，形成帽状等（图6-6）。这些构成了多彩的南瓜，有的
既可食用又可观赏，有的仅为观赏品种。观赏品种可以储藏长达数月至一年。

图6-6 观赏南瓜

（2）佛手瓜（*Sechium edule* Swortz） 佛手瓜别名梨瓜、洋丝瓜、拳头瓜、
合掌瓜、福寿瓜、菜肴梨等。葫芦科佛手瓜属，喜温，较耐旱不耐高温，主
要是观赏果实，叶互生，叶片与卷须对生，叶片呈掌状五角形，叶全缘，绿

色或深绿色，果实有五条明显的纵沟，把瓜分成大小不均等的五部分，形似手状，果实为绿色（图6-7）。

（3）蛇瓜（*Trichosanthes anguiua*） 蛇瓜别名蛇王瓜，葫芦科栝楼属，喜温耐热不耐寒，主要是观赏果实，果实似一条扭曲的小蛇，顾得此名。未成熟前为绿色，成熟后为红色，中间有过渡色。主要是蔓生，需要支架支撑，以有一定高度的支架为主。因为瓜较长，高的支架易形成风景（图6-8）。

图6-7 佛手瓜

图6-8 蛇瓜

（4）老鼠瓜（*Capparis spinosa* L.） 老鼠瓜别名野西瓜、勾刺槌果藤、抗旱草，葫芦科栝楼属，对光照要求不严，耐高温，主要是观赏果实。未成熟时白绿相间的条纹，形如老鼠，顾得此名，后逐渐向黄色、橙色过渡。为蔓生，需要支架支撑，不同支架构成不同的风景（图6-9）。

图6-9 老鼠瓜

（5）水果西瓜（*Citrullus lanatus*） 水果西瓜别名夏瓜、寒瓜、青门绿玉房，葫芦科西瓜属，喜光喜温，不耐霜冻，主要是观赏不同的品种。瓜的颜色较为丰富，形状以椭圆为主，借助模具还可以形成心形、方形等。果实有大有小，小型果实较受欢迎。果皮颜色有黄色、绿色、深绿色等，果肉颜色主要是红瓤和黄瓤（图6-10）。以前主要是在地下蔓生，随着进入温室，果形渐小，已经开始使用立体栽培。同一品种在同一时间授粉后结果较一致，可以形成统一高度的果实，较为美观。

（6）厚皮甜瓜（*Cucumis melo*）厚皮甜瓜别名香瓜，葫芦科甜瓜

图6-10 水果西瓜

属，喜光喜温，不耐霜冻。茎圆形，有棱，分枝性强。果实有圆球、椭圆球、纺锤、长筒等形状，成熟的果皮有白、绿、黄、褐色或附有各色条纹和斑点。果表光滑或具网纹、裂纹、棱沟。果肉有白、橘红、绿、黄色等，具香气。种子披针形或扁圆形，大小各异（图6－11）。

图6－11 厚皮甜瓜

（7）丝瓜（*Luffa cylindrica*（L.）*Roem*） 丝瓜别名蛮瓜、水瓜，葫芦科丝瓜属，喜温较耐阴，主要是观赏果实。茎蔓生，五棱，绿色，主蔓和侧蔓生长都繁茂，茎节具分枝卷须，易生不定根，叶掌状或心脏形，果实为长棒状，表面有棱。主要是蔓生，需要支架支撑，不同的支架形状可以形成不同的景色，在结果时将果实外露，便于观赏（图6－12）。

（8）瓠子（*Lagenaria siceraria*（Molina）*Standl. var. hispisa*（Thund.）*Hara*） 瓠子别名长瓠、扁蒲、瓠瓜，葫芦科葫芦属，喜温喜湿，主要观赏果实。果实倒卵状长椭圆形或长圆棒形，嫩时略柔软，绿色。老熟后，外皮变硬，呈白色或黄色。果实为条形、棒形，瓜的颜色为淡绿色。蔓生，需要支架支撑，不同的支架形状可以形成不同的景色，在结果时将果实外露，便于观赏（图6－13）。

图6－12 丝瓜 　　　　　　　　　图6－13 瓠子

（9）苦瓜（*Momordica charantiap*） 苦瓜别名凉瓜、锦荔枝、癞葡萄、癞瓜，葫芦科苦瓜属，耐热耐湿，主要是观赏果实，瓜形主要是纺锤形，瓜表面长满肉瘤，瓜熟透后变为橘红色，易掉，因此要及时采摘。在形成风景的同时，保持绿色，稍微变色，变为黄色时要及时摘除。蔓生，需要支架支撑，不同的支架形状可以形成不同的景色。结果时果实会自然垂下，有少量果实在支架上，要及时把瓜外露，便于观赏（图6-14）。

（10）西葫芦（*Cucurbita pepo* L.）　西葫芦别名荬瓜、白瓜、番瓜、美洲南瓜，葫芦科南瓜属，蔓生，一年生草质藤本（蔓生），有矮生、半蔓生、蔓生三大品系。主要观赏果实。果实形状有长椭圆形、香蕉形、飞碟状等，颜色有绿色、黄色等（图6-15）。一般情况下都是匍匐在地上生长，作为观赏，需要结果或在授粉时考虑果实方向，尽量使其方便观赏。

图6-14　苦瓜

图6-15　西葫芦

（11）葫芦（*Lagenaria siceraria*（Molina）*Standl*）　葫芦科葫芦属，喜温喜湿喜光，观赏部位主要是果实。葫芦枝蔓生，生长快，茎多毛，卷须分叉，有麝香气味。葫芦的果形有瓢状、"8"形、长颈等，颜色为淡绿色，成熟后也可以收藏。需要支架支撑，不同的支架形状可以形成不同的景色，在结果时将果实外露，便于观赏（图6-16）。

图6-16　葫芦

3. 叶球类

主要包括甘蓝、菜花。

（1）抱子甘蓝（*Brussels sprouts*）　抱子甘蓝别名芽甘蓝、子持甘蓝，十字花科芸薹属甘蓝种中腋芽能形成小叶球的变种，二年生草本植物。抱子甘蓝叶稍狭，叶柄长，叶片勺子形，有皱纹。茎直立，腋芽处的小叶球随着生长会逐渐增大，形成直径约2cm的叶球，此时可食用。主要观赏部位是叶球，随着植株不断增高，小叶球也会增多，形似怀抱中生长（图6-17）。土壤条件好时，抱子甘蓝可以生长到1m多高，生长期长，适宜观赏造景。

（2）西蓝花（*Brassica oleracea*）　西蓝花别名花椰菜，十字花科甘蓝属变种，喜冷凉，属半耐寒蔬菜，茎和叶多为绿色，器官短缩，花枝、花轴、花蕾等聚合而成的花球，花球颜色有白色、绿色、红色等，是主要观赏部位（图6-18）。作为观赏的植物，最大的缺点就是在花球形成前观赏价值较小，但结球后，观赏价值很高。

图6-17　抱子甘蓝

图6-18　西蓝花

（3）宝塔菜花（*Brassica oleracea*）　宝塔菜花别名塔花菜，十字花科甘蓝属变种，起源于地中海北部，适宜于温和湿润气候。株形开展，叶片宽大、肥厚、有腊粉，耐寒性好，抗病性强，适应性广，易栽培。食用部分为细小花蕾密集成圆锥形小花，再由多个小花组成塔状花球；新颖独特，口味好，营养价值高，食用方法多样。市场价值高，需求旺盛。宝塔菜花为当前欧洲国家最流行的绿花菜新品种，其形状奇特，色泽翠绿或金黄色（图6-19）。宝塔菜花营养成分非常丰富，蛋白质和维生素A含量极高，在欧洲被称作"新生命食品"。

图6-19　宝塔菜花

4. 豆类

主要包括四棱豆、大刀豆、彩豆角等。

（1）四棱豆（*Psophocarpus tetragonolobus* D. C） 四棱豆别名翼豆、四角豆、翅豆、杨桃豆、热带大豆、果阿豆、尼拉豆、皇帝豆、香龙豆等，豆科四棱豆属，喜温暖湿润，分枝性强，枝叶繁茂；茎光滑无毛，绿色或绿紫色，横断面近圆形；叶为三出复叶，互生，小叶呈阔卵圆形，全缘，顶端急尖；茎蔓生，花较大，荚果，具有四翼，波状边缘，紫色或绿色（图6-20）。果实是主要观赏部位，豆的形状有别于常见豆类。

（2）刀豆（*Canavaliae gladiatae*） 刀豆别名刀豆角、刀巴豆、马刀豆、梅豆，豆科刀豆属，喜温暖，不耐寒霜，对土壤要求不严，一年生缠绕状草质藤本。茎长可达数米，无毛或稍被毛。三出复叶，叶柄长 7 ~ 15cm；荚果线形，扁而略弯曲，长 10 ~ 35cm，宽 3 ~ 6cm，先端弯曲或钩状，边缘有隆脊，植株可造型（图6-21）。

图6-20 四棱豆

图6-21 刀豆

（3）彩豆角（*Vigna unguiculata*） 彩豆角别名又叫豇豆，豆科，一年生缠绕草本植物，观赏部位是豆角。果实颜色有绿色、黄色、紫色等，还有相间的颜色，成熟后有的豆角有阴阳图案。种子本身形状、颜色等均具有观赏性（图6-22）。

5. 其他类

有秋葵、朝鲜蓟等。

图6-22 彩豆角

（1）秋葵（*Abelmoschus esculentus* L. Moench） 秋葵别名羊角豆、咖啡黄葵、毛茄，锦葵科，一年生草本。喜高温喜光，耐热怕寒，观赏部位可以是叶、花、果，叶片掌状。花为白色或淡黄色，果如牛角，果实颜色有黄色和红色，观赏期很长（图6-23）。单株可长1m高，可以成片种植，增加观赏效果。

图6-23　秋葵

（2）朝鲜蓟（*Cynara scolymus* L.）　朝鲜蓟别名菊蓟、菜蓟、法国百合、荷花百合，菊科菜蓟属，多年生植物，其叶、果、花均具有观赏性（图6-24）。茎直立，一年生为短缩茎，第二年现蕾后茎节伸长。其叶片为羽状复叶，生长周期长。果实在未开花时可食用，开花后食用价值降低，可作为观赏植物摆放。摆放时要避开人为能碰直接碰到的地方，因为叶片稍有茸刺。

图6-24　朝鲜蓟

6. 蔬菜树

近年来，随着观光农业的兴起，以特殊方式种植常规蔬菜的模式悄然兴起，并且已逐渐成为观光农业的亮点，蔬菜树就是其中的一种。它是通过创造蔬菜生长最佳的设施环境和最佳的营养条件，使蔬菜个体得到充分发育，形成庞大的植株营养体，为单株高产奠定基础。这不仅挖掘了蔬菜个体高产的潜力，独株成荫，同时也展现了一种农业奇观。

（1）番茄树　植株高1.5～2.5m，为无限生长型。一般种植当年即可结果，单株覆盖面积可达150m^2。果实为圆形，果面深红色，果肩无裂纹，肉厚、皮薄，平均单果重150g左右，单株产量可达3000kg（图6-25）。

（2）黄瓜树　黄瓜根系较浅，喜湿怕涝，适宜的基质湿度是70%～80%，空气湿度白天80%～85%。采用多干整枝的栽培方法和合理的调控手段，将一棵普通的黄瓜苗培育成覆盖面积数十平米以上的"树体"，株累计结瓜可达五千多条，约300kg（图6-26）。

图 6 – 25　番茄树

图 6 – 26　黄瓜树

（3）茄子树　采用多干整枝的栽培方法和合理的调控手段，将一棵普通的茄子苗培育成覆盖面积数十平方米以上的"树体"，单株累计结果可达 1000 多个，约 150kg（图 6 – 27）。

（4）辣椒树　采用多干整枝的栽培方法和合理的调控手段，将一棵普通的辣椒苗培育成覆盖面积数十平方米以上的"树体"，单株累计结果可达 800 多个，约 100kg（图 6 – 28）。

图 6 – 27　茄子树

（5）西瓜树　采用多干整枝的栽培方法和合理的调控手段，将一棵普通的西瓜苗培育成覆盖面积数十平方米以上的"树体"，单株累计结瓜可达 50 多个，约 75kg。西瓜树展示了西瓜单株高产的惊人遗传潜力，在栽培学研究和农业观光方面具有重要价值（图6-29）。

图6-28　辣椒树

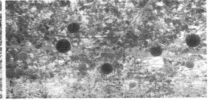

图6-29　西瓜树

（二）观赏叶片颜色类

观赏颜色的蔬菜品种主要有紫背天葵、紫甘蓝、叶甜菜、紫油菜、紫油麦菜等。

1. 紫背天葵（*Begonia fimbristipula* Hance）

紫背天葵别名天葵秋海棠、散血子、红叶、龙虎叶，菊科土三七属，喜温喜湿，耐热耐旱，主要观赏其叶片（图6-30）。叶边缘有不规则的尖锯齿。夏季开花，蒴果秋季成熟。叶片背部和茎均为紫色，可以直接食用。

2. 紫甘蓝（*Brassica oleracea* L. var. *capitata* L.）

图6-30　紫背天葵

紫甘蓝别名红甘蓝、赤甘蓝，是结球甘蓝的一个类型，十字花科芸薹属，喜光，较耐寒，叶片为紫色，叶球紫红色，颜色较叶片颜色深，结球紧实，色泽好。主要观赏部位是紫色的叶球，既可食用又可观赏。结合其他植物一起种植，可以勾勒出不同的图案（图6-31）。

3. 叶甜菜

叶甜菜别名根达菜、厚皮菜、光菜、观达菜，藜科㣺菜属。喜光，耐寒，叶片卵圆形，叶色有红色、绿色，叶梗有红色、绿色、紫色、黄色。叶、梗是主要观赏部位，颜色从幼苗到采收基本稳定不变（图6-32）。

图6-31　紫甘蓝　　　　　　　图6-32　叶甜菜

4. 紫生菜

菊科莴苣属，为一年生或二年生草本作物，紫色散叶，株型漂亮，叶簇半直立，株高25cm，开展度20～30cm。叶片皱，叶缘呈紫红色，色泽美观，叶片长椭圆形，叶缘皱状。喜凉怕热，需要冷凉才可以更好地形成颜色便于观赏（图6-33）。

5. 紫油菜

紫油菜别名油白菜，苦菜，一年生草本，是十字花科植物油菜的嫩茎叶。原产我国，直根系，茎直立，分枝较少，株高30～90cm。叶互生，叶片紫色，是油菜的变种（图6-34）。南北方广为栽培，四季均有供产。油菜中含多种营养素，维生素C含量丰富。

图6-33　紫生菜　　　　　　　图6-34　紫油菜

6. 紫油麦菜

紫油麦菜别名莜麦菜，属菊科，是以嫩梢、嫩叶为产品的尖叶型叶用莴苣。叶片披针形，长20cm，紫红色，叶缘无缺刻。株高25cm，开展度20cm（图6-35）。生长期60d，生长势强，熟食有米香味。

（三）观赏形状类

品种主要为乌塌菜、羽衣甘蓝、皱叶香芹、木耳菜、球茎茴香、食用蕨、菊苣等。

1. 乌塌菜

乌塌菜别名塌菜、黑菜、塌棵菜、太古菜、塌地菘等，十字花科芸薹属芸薹种白菜亚种的一个变种。二年生草本植物，莲座叶，塌地或半塌地生长，叶片椭圆形或倒卵圆形，颜色为浓绿色或墨绿色（图6-36）。紧凑的外形很美，栽在花盆中可以直接作为景观，也可在温室内摆出花坛或花境。

图6-35　紫油麦菜

2. 羽衣甘蓝（*Brassica Oleracea* var. *acephala*）

羽衣甘蓝别名叶牡丹、牡丹菜、花包菜、绿叶甘蓝等，十字花科芸薹属。叶片为波纹状重叠，叶色丰富。按叶的形态分皱叶、不皱叶及深裂叶品种；按颜色划分，边缘叶有红色、紫色、黄色、白色、绿色等，多为两种颜色相间而成（图6-37）。喜冷凉，是一种以观叶为主的蔬菜。

图6-36　乌塌菜

图6-37　羽衣甘蓝

3. 皱叶香芹（*Petroselinum crispum*）

皱叶香芹别名洋芫荽、旱芹菜、香芹、欧芹，伞形花科草本植物，茎为短缩根茎，叶片褶皱，形如小伞。主要观赏部位是褶皱的叶片（图6-38）。在温室内可以直接种植或摆放构成图案。

4. 木耳菜 (*Gynura cusimbua* (D. Don) *S. Moore*)

木耳菜别名西藏三七草, 菊科菊三七属, 忌涝, 叶片倒卵形、长圆状、椭圆形, 开白色小花, 结浆果, 叶片深紫色。观赏部位主要是叶片, 可以缠绕到绳子或竹竿等物体上, 利用绳子或竹竿等简单构成平面或图形, 使其缠绕, 构成景观, 观赏期长 (图6-39)。

图6-38 皱叶香芹

图6-39 木耳菜

5. 苦苣 (*Cichorium endivia*)

菊科菊苣属中以嫩叶为食的栽培种, 一二年生草本植物。叶片浅绿色, 有皱叶和平叶两个类型, 皱叶类型叶片为披针形, 叶缘有锯齿, 深裂或全裂; 平叶类型叶片长倒卵形, 叶缘缺刻少而浅, 叶片以裥褶方式向内抱合成松散的花形。单独种植或结合其他植物种植构成花坛或花境 (图6-40)。

图6-40 苦苣

(四) 观赏根茎类

这部分直接观赏根部的蔬菜, 只能观看标本, 目前还不能直接观看生长植物的根部。可以通过视频等录像资料介绍给游客, 并且在种植区域内做标示, 让大家能够有个感官认识, 也可以结合成熟期的采收, 让游客直接购买。这部分蔬菜主要作为科普知识介绍, 也可以观赏其他部位, 如牛蒡的叶片形如荷叶, 可以赏叶等, 目前真正做到观赏根部的较少。此类蔬菜主要包括牛蒡、萝卜、根芹等。

1. 牛蒡 (*Arctium* L.)

牛蒡别名牛菜、大力子、恶实、牛蒡子、蝙蝠刺、东洋萝卜、东洋参、牛鞭菜等, 菊科牛蒡属二、三年生草本植物, 主要取食其肥大肉质直根, 叶柄及嫩叶也可食用。其根体笔直, 次根很少, 有少量细毛根, 色泽淡黄至蜡黄色, 根体长圆锥形, 皮厚长达50~80cm, 重0.15~2.5kg, 肉质灰白色, 稍感粗硬（图6-41）。

图6-41　牛蒡

2. 萝卜（*Raphanus sativus* L.）

十字花科萝卜属，一、二年生草本。根肉质，根的形状主要有长圆形、球形和圆锥形，根皮红色、绿色、白色、橘红色、黑色等（图6-42）。肉质根是主要观赏部位，萝卜的根会有部分外露，种植适当可以直接观赏到。

图6-42　萝卜

3. 根芹（*Apium graveolens* var. *rapaceum*）

根芹别名根洋芹、球根塘蒿等，伞形科芹属中的一个变种，是能形成肉质根的二年生草本植物，喜冷凉、湿润。根芹地上部叶片与芹菜相似，地下肉质根黄褐色圆球形，膨大的根主要由短缩茎、下胚轴和真根上部组成。主要观赏部位是根部，随着生长，叶片不断剥离，根芹的根会露出来，生长缓慢，生长期长，适合观赏（图6-43）。

4. 苤蓝（*Brassica oleraces* var. *carlorapa*）

苤蓝别名球茎甘蓝，十字花科，芸薹属，

图6-43　根芹

一、二年生草本植物。根系浅，茎短缩，叶丛着生短缩茎上。叶片椭圆、倒卵圆或近三角形，绿、深绿或紫色，叶面有蜡粉。叶柄细长，生长到一定叶丛后，短缩茎膨大，形成肉质茎，圆或扁圆形，肉质，皮色绿或绿白色，少数品种紫色。外形美观，具有较强的食用价值和观赏价值（图6-44）。

图6-44　苤蓝

5. 球茎茴香（*Foeniculum vulgare*）

球茎茴香别名意大利茴香，甜茴香伞形花科茴香属。叶色、叶形、花序、果实、种子等植物学性状及品质、风味等其他特征与小茴香相似，只是叶鞘基部膨大，相互抱合形成一个扁球形或圆球形的球茎，成为主要的食用部分，而细叶及叶柄在植株较嫩的时候也食用（图6-45）。

二、芳香蔬菜

所谓芳香蔬菜，就是能够产生芬芳气味和具有一定药用价值的一类蔬菜。可作为调料、甜味剂或者用于制作精美菜肴等，通过内服或外用，其中的芳香物质使人体的生理功能和心理平衡得以恢复。

图6-45　球茎茴香

1. 芫荽（*Coriandrum sativum* L.）

芫荽别名香菜，伞形科芫荽属。原产于地中海沿岸及中亚地区，中国在汉代由张骞于公元前119年引入，现我国各地有分布，以华北最多，四季均有栽培（图6-46）。

芫荽具有特殊香味，常以嫩叶作调料蔬菜食用。埃及于公元前曾以此为供品。在欧洲和美国等栽培芫荽收取种子，用于调味许

图6-46　芫荽

多食品，尤其是香肠、面点、糖果等，芫荽的纤细嫩叶广泛用于拉丁美洲、印度等地的菜肴中。

2. 百里香（*Thymus curtus*）

唇形科百里香属，常见的品种有开白花的百里香（直立型）及开红花的铺地香，又名红花百里香（匍匐型）（图6-47）。

百里香一般都是利用新鲜或干燥的枝叶，为欧洲烹饪常用香料，味道辛香，叶片可结合各式肉类、鱼贝类料理。百里香加在炖肉、蛋或汤中应尽早加入，以使其充分释放香气。

3. 马兰头（*Kalimeris indica*）

马兰头别名马兰、马莱、马郎头、红梗菜、鸡儿菜、路边菊、田边菊、紫菊等，菊科马兰属，多年生草本植物，适应性广，抗寒耐热力很强，对光照要求不严，我国大部分地区均有分布（图6-48）。主要用途：花镜点缀，还具有清热止血、抗菌消炎的作用。

图6-47　百里香　　　　　　　　　图6-48　马兰头

4. 鼠尾草（*Salvia officinalis*）

唇形科鼠尾草属，多年生芳香草本植物，植株呈丛生状。叶对生，长椭圆形，色灰绿，表面有凹凸状织纹，香味刺鼻浓郁。夏季开淡紫色小花，生长强健，耐病虫害。主要分布在达尔马西亚岛及亚德里亚海沿岸陡峭的石壁及荒芜的不毛之地，第二次世界大战后，在美国中西部地区及太平洋东岸大面积种植。我国20世纪80年代开始引种鼠尾草，现在新疆、河北等地有种植，但未形成规模生产。用于煮汤类或味道浓烈的肉类食物时，加入少许可缓和味道，掺入沙拉中享用，更能发挥养颜美容的功效。花可拿来泡茶，散发清香味道，可消除体内油脂，帮助循环，具防腐、抗菌、止泻的效果，具组拼色块、花卉点缀功能（图6-49）。

5. 香椿（*Toona sinensis*）

香椿别名山椿、虎目树、虎眼、大眼桐，楝科香椿属，高大乔木，被称为"树上蔬菜"，喜温，一般以砂壤土为好。适宜的土壤酸碱度为pH 5.5～8.0。原产于我国中部，分布于我国华北、东北、西北、西南及华东等地，全国各地都有广泛的栽培（图6-50）。常用作庭荫树、行道树，或用于园林配置以及食用。

图6-49　鼠尾草

图6-50　香椿

6. 留兰香（*Menthae Spicatae*）

留兰香别名绿薄荷、青薄荷、香花菜，鱼香菜唇形科薄荷属，性喜湿润，耐寒，在上海能露地越冬，需要充足的阳光（图6-51）。主要分布在我国新疆（野生），在河北、广东、江苏等地有栽培。留兰香是历史悠久的香料植物，主要利用新鲜茎叶、阴干的青叶和提取的精油，其清凉的薄荷味和甜香气在欧洲民间很早就受到重视。在美国、英国和世界许多地区都有广泛栽培。

7. 紫苏（*Perflla frutescens*）

紫苏别名赤苏、红苏、黑苏等。唇形科紫苏属植物，适应性很强，对土壤要求不严。高60～180cm，有特异芳香。茎四棱形，紫色，主要分布在东南亚各地，我国各地均有栽培，长江以南各省有野生种（图6-52）。芳香植物，以药用、食用为主。

图6-51　留兰香

图6-52　紫苏

8. 野薄荷（*Monarda citriodora*）

野薄荷别名兰香草、山薄荷，唇形科薄荷属，多生于山坡、荒地或山顶，耐旱性强。我国各地均有分布，生长于水旁、潮湿地（图6-53），食用或作香料。

9. 莳萝（*Anethum graveolens*）

莳萝别名土茴香，伞形花科莳萝属，原产于西亚，后传至地中海沿岸及欧洲各地，现今地中海和东欧为主要的生产地，我国东北、甘肃、广东、广西等地有栽培（图 6 – 54）。莳萝的叶子可作为调味料食用，果实可提取芳香精油，为调和香精的原料。

图 6 – 53　野薄荷　　　　　　图 6 – 54　莳萝

10. 迷迭香（*Rosmarinus officinalis*）

迷迭香别名海洋之露，唇形科迷迭香属，原产于地中海地区，已在美洲温带地区和欧洲归化。在美国温暖地区和英国广泛栽培于花园，我国也有少量栽培（图 6 – 55）。迷迭香广泛用于烹调，新鲜嫩枝叶具强烈芳香，叶还带有茶香，味辛辣、微苦。

11. 罗勒（*Ocimum basilicum*）

罗勒别名兰香、圣约瑟夫草、甜罗勒、圣罗勒、紫罗勒、绿罗勒，唇形科罗勒属，广泛栽培于地中海沿岸地区，我国安徽、江苏、浙江、江西、台湾、广东、云南等省区均有栽培（图 6 – 56）。罗勒的幼茎叶有香气，嫩茎叶可调制凉菜、油炸、做汤或作为芳香蔬菜在色拉和肉的料理中使用。干品在开花的季节采收，干燥后再制粉末储藏起来，随时作为香味料使用。

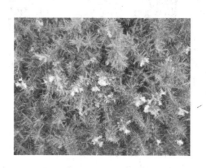

图 6 – 55　迷迭香　　　　　　图 6 – 56　罗勒

12. 薰衣草 （*Lavandula pedunculata*）

薰衣草别名香水植物、灵香草，唇形科薰衣草属，原产于地中海沿岸、欧洲各地及大洋洲列岛，如法国南部的小镇普罗旺斯，后被广泛栽种于英国（图6-57）。薰衣草可作药用，还是良好的蜜源植物。适合天井、盆景、切花、花坛栽培。在花园、花店、旅社、食堂、百货市场等公共场所可作为风尚花草摆放。

13. 豆蔻 （*Myristica fragrans*）

豆蔻别名白豆蔻、圆豆蔻、原豆蔻、扣米，生于气候温暖、潮湿、富含腐殖质的树林下（图6-58）。主要用于化湿消痞，行气温中，开胃消食。

图6-57　薰衣草　　　　　　　　　图6-58　豆蔻

14. 细香葱 （*Allium schoenoprasum*）

细香葱别名四季葱、香葱、分葱、科葱、葱花儿、小葱，百合科多年生植物，我国南方地区广为栽培。可在阳光充足的窗台上种一花盆细香葱，这样便不断有小量叶片生出（图6-59）。

15. 芸香 （*Ruta graveolens* L.）

芸香别名臭草、香草、芸香草，芸香科芸香属，原产于欧洲、亚洲及加那利群岛。我国南、北方均有栽培，大多产于川、甘、陕、贵、滇等地（图6-60）。几世纪来就用作香料及药物。

图6-59　细香葱　　　　　　　　　图6-60　芸香

16. 龙蒿（*Artemisiadracunculus* L.）

龙蒿别名狭叶青蒿，为多年生草本。适合于湿润、凉爽的气候。对土壤要求不严，在砂砾质草甸土、棕漠土、栗钙土上均可生长。要求水分条件高，在水分适中的土壤上生长高大，不耐盐碱。一般4月中旬返青，7~8月开花，8~9月结实，9月下旬枯黄（图6-61）。

17. 藿香（*Agastache rugosa*）

藿香别名土藿香，唇形科藿香属。一年生或多年生草本植物，分布较广，喜温热湿润和阳光充足环境，地上部分不耐寒，怕干燥和积水，对土壤要求不严。其全草入药有止呕吐、治霍乱腹痛、驱逐肠胃充气、清暑等功效；果可作香料；茎叶均富含挥发性芳香油，有浓郁的香味，为芳香油原料。藿香亦可作为烹饪作料，或者烹饪材料，还可植于园林或庭院美化环境（图6-62）。

图6-61　龙蒿　　　　　　　　　　图6-62　藿香

三、药用蔬菜

药用蔬菜是具有营养化、保健化、功能化、无害化的新奇食用药用芳香植物。天然药用蔬菜可用于制作芳香料理、芳香花茶、芳香染料等，或用于庭院观赏，是功能型蔬菜的一种。最突出的还是其药用养生价值。

1. 鱼腥草（*Houttuynia cordata* Thunb.）

鱼腥草别名岑草、紫背鱼腥草、紫蕺、臭猪巢、臭灵丹、辣子草，三白草科蕺草属。我国华南、华中、西南地区均有分布，生于潮湿地或水旁（图6-63）。鱼腥草肉质根上的须根摘除后即可食用，主要的食用方法为蘸酱、凉拌和煮汤。

2. 地黄（*Rehmannia glutinosa* Libosch）

地黄别名酒壶花、山烟、山白菜，玄参科地黄属。我国东北、西北、华北以及江苏、安徽、湖北等地有栽培，生长在海拔50~

图6-63　鱼腥草

1100m 的沙质土壤中。耐贫瘠、干旱（图 6 - 64）。

3. 地肤（*Kocha scoparia*）

地肤别名地麦、落帚、扫帚苗、扫帚菜、孔雀松，藜科地肤属，喜温暖，阳光充足，耐旱，耐碱，不耐寒，能适应各种土壤，但以肥沃疏松的土壤为好（图 6 - 65）。嫩茎叶经水烫后，可凉拌、炒食、做汤或做菜团子等，也可烫后晾成干菜贮存。

图 6 - 64 地黄   图 6 - 65 地肤

4. 欧当归（*Levisticum offic inale* Koch）

伞形科欧当归属。原产于欧洲南部，我国于 1957 年引种，在河北、北京、山东、河南、内蒙古、辽宁、陕西、山西和江苏各地均有栽培（图 6 - 66），主要为食用、药用。

5. 食用大黄（*Rheum rhaponticum*）

食用大黄为蓼科大黄属。宜选深厚肥沃、富含有机质、排水良好的土壤栽培。原产于我国内蒙古，现各地有少量栽培（图 6 - 67）。食用部分为叶柄，含有蛋白质及各种矿物质元素等对人体有益的营养成分，尤其富含琥珀酸，味酸。在欧洲各国及美国、加拿大用其制作馅饼、果酒、蛋糕或煮熟滤渣加糖制酱，也可做糕点馅等。食用软化栽培的叶柄利便。食用大黄是一种稀特蔬菜，市场发展前景看好。

图 6 - 66 欧当归   图 6 - 67 食用大黄

6. 桔梗（*Platycodon grandiflorum*）

桔梗别名包袱花、铃铛花、僧帽花，中国东北地区称为"狗宝"，桔梗科桔梗属，喜温和凉爽的气候。苗期怕强光直晒，须遮阴，成株喜阳光怕积水。抗干旱，耐严寒，怕风害。适宜在土层深厚、排水良好、土质疏松而含腐殖质的砂质壤土上栽培（图6-68）。幼嫩的茎叶和根作为蔬菜食用，炒食或做汤都可，根需要用热水泡去苦味，切丝或片炒食或凉拌等，也可以做糕点，或盐渍食用。全草可药用，性平，味苦、辛。

7. 甜叶菊（*Stevia rebaudiana*（Bertoni）Hemsl.）

菊科甜叶菊属，多年生草本植物。原产于南美巴拉圭和巴西等地。我国于20世纪70年代在长江以南地区引种栽培成功（图6-69）。甜叶菊主要食用嫩茎叶或干品，以叶最甜。干品多用于茶饮。甜叶菊是新型糖源植物。叶含菊糖苷6%~12%，精品为白色粉末状，是一种低热量、高甜度的天然甜味剂，是食品及药品工业的原料之一。

图6-68 桔梗

图6-69 甜叶菊

8. 琉璃苣（*Borago officinalis*）

紫草科琉璃苣属，喜肥沃、微碱性土壤。原产东地中海地区，欧洲和北美广泛栽培，我国有少量栽培（图6-70）。可用于观花、食用、药用。琉璃苣具有特殊的黄瓜香味，主要以嫩叶、花茎、花蕾供食用，鲜叶在欧洲作蔬菜，鲜叶和干叶都可用于炖菜及汤、饮料的调味，其质地柔嫩，味清香，可生食或熟食，花亦可供观赏。

9. 何首乌（*Polygonum multiflorum*）

何首乌别名首乌、夜交藤，蓼科蓼属。野生何首乌主产于我国河南、湖北、安徽、

图6-70 琉璃苣

四川一带（图6-71）。现代人工种植以贵州和江苏省的广植技术最为普遍。何首乌对流感病毒有一定抑制作用。此外，何首乌还有减慢心率、扩张冠脉、抗心肌缺血等作用。

10. 菘蓝（*Isatis indigotica* Fortune）

板蓝根别名靛青根、蓝靛根、靛根，十字花科爵床科，分布于长江流域，江苏、甘肃等地有栽培，主产于河北、北京、黑龙江、甘肃（图6-72）。根（板蓝根）、叶（大青叶）均供药用，具有清热解毒、凉血消肿、利咽之功效，还有提高免疫力的功能。

图6-71　何首乌

图6-72　菘蓝

11. 芍药（*Paeonia lactiflora* Pall.）

芍药别名白芍、杭芍、亳芍、川芍。主产于浙江、安徽、四川等地。多年生草本，高50~80cm。根肥大，通常是圆柱形或略呈纺锤形。茎直立，光滑无毛，叶互生。浙江产者，商品称为杭白芍，品质最佳；安徽产者称为亳白芍，产量最大；四川产者名川白芍，又名中江芍，产量亦大（图6-73）。赏花，根入药。白芍具有扩张冠状动脉、降低血压的作用，还有护肝、解痉、镇痛的作用。

图6-73　芍药

12. 金银花（*Lonicera japonica*）

金银花别名忍冬、银藤。河南省封丘县已获金银花原产地认证，山东平邑、河北巨鹿、湖南邵阳、广西马山等地被国家命名为"中国金银花之乡"。金银花可在家庭栽培，是著名的庭院花卉，花叶俱美，常绿不凋，适宜于作篱垣、阳台、绿廊、花架、凉棚等垂直绿化的材料，还可以盆栽（图6-74）。具有抗炎解毒、疏热散邪、凉血止痢、清热解毒、疏利咽喉、消暑除烦的作用。

13. 贝母（*Fritillaria*）

百合科，多年生草本植物，产于四川、云南、甘肃等地（图6-75）。其鳞茎供药用，有止咳化痰、清热散结的功效。

图6-74　金银花　　　　　　　　　　图6-75　贝母

14. 藤三七（*Boussingaultia gracilis*）

藤三七别名藤子三七，是落葵科落葵属多年生、宿根稍带木质的缠绕藤本，原产美洲热带国家巴西。生长适温为20~30℃，耐寒力较强，可忍耐0℃的低温（图6-76）。适合作蔓篱、荫棚的攀爬植物。具有滋补、壮腰膝、消散痰、活血、健胃保肝等作用。

15. 龙葵（*Solanum nigrum* Linn.）

龙葵别名苦菜、苦葵、老鸦眼睛，茄科。产地是连云港、铜山、邳县、射阳、吴江、江宁、溧阳等地，生于路旁或田野（图6-77）。全草药用，清热解毒、利水消肿。龙葵石灰合剂可杀棉蚜虫达80%，嫩枝可作猪饲料。全草含龙葵碱、澳洲茄碱等多种生物碱。

图6-76　藤三七　　　　　　　　　　图6-77　龙葵

16. 防风（*Radix saposhnikoviae*）

防风别名山芹菜、白毛草、铜芸、回云、回草、百枝。伞形科多年生草本植物，野生于丘陵地带山坡草丛中，或田边、路旁，高山中、下部。分布于东北、内蒙古、河北、山东、河南、陕西、山西、湖南等地（图6-78）。

具有解热、镇痛、镇静、抗菌、抗炎的作用。

17. 枸杞（*Lycium chinense*）

枸杞别名西枸杞、白刺、山枸杞、白疙针，又名狗奶子根。茄科枸杞属多分枝灌木植物（图6-79）。喜光，稍耐阴，喜干燥凉爽气候，较耐寒，适应性强，耐干旱、耐碱性土壤，喜疏松、排水良好的砂质壤土，忌黏质土及低湿环境。可丛植于池畔、台坡，也可作河岸护坡，或作绿篱栽植。果实可入药，治肝肾阴亏，益精明目，用于虚劳精亏，腰膝酸痛，眩晕耳鸣，阳痿遗精，内热消渴，血虚萎黄，目昏不明。

图6-78 防风　　　　　　　　　　　图6-79 枸杞

第二节　南果北种

南果北种是指将我国南方热带、亚热带地区的果树，通过一定的设施在北方进行栽培，使之能够正常的生长发育并形成产量。目前北方地区在温室中已实现成功栽培，对南果北种的主要品种及习性介绍如下。

1. 人心果（*Manilkara zapota*（Linn.）*van Royen.*）

人心果别名吴凤柿、人参果、赤铁果、奇果等，山榄科人心果属。人心果在11~31℃都可正常开花结果，要求水分充足，根系深，很耐旱，较耐贫瘠和盐碱（图6-80），树形较紧凑，适宜做观赏果树栽培。

2. 番石榴（*Psidium guajava*）

桃金娘科番石榴属，生长最适温度23~28℃，耐旱亦耐湿，喜阳光充足，土壤pH4.5~8.0均能种植。适应性很强，生长较快（图6-81）。可用于灌木层植物配置，一年四季结果。

图6-80 人心果

3. 菠萝蜜 (*Artocarpus heterophyllus*)

桑科桂木属，喜高温高湿，生长适温 22~23℃，树体结果力强，较耐盐碱（图6-82）。作为乔木观赏，果实硕大、香气浓，亦可作为奇特植物展示。

图 6-81　番石榴　　　　　　　　　图 6-82　菠萝蜜

4. 莲雾 (*Syzygium samarangense*)

桃金娘科赤楠属，原产马来半岛及安达曼群岛。生长最适温度为 25~30℃，喜湿润肥沃土壤，对土壤条件要求不严（图6-83）。因果实奇特，结果期长，故可作为灌木景观植物，也可作为盆栽。

5. 黄皮 (*Clausena lansium* (Lour.) Skeels)

芸香科黄皮属，热带、亚热带常绿果树，喜温暖，宜种植在年均温20℃以上地区，果在8月成熟，对土壤适应性强（图6-84）。可作为乔木、灌木景观层，果皮及果核皆可入药。

图 6-83　莲雾　　　　　　　　　　图 6-84　黄皮

6. 火龙果 (*Hylocereus undatus.*)

火龙果别名青龙果、红龙果，仙人掌科量天尺属和蛇鞭属植物，喜温暖潮湿，耐阴、耐贫瘠、耐旱、耐高温，喜光，生长最适温度为 25~35℃，开花结果期为每年的 5~11 月。火龙果对土质要求不严，平地、山坡、沙石地均可种植，最适土壤 pH 6.0~7.5（图6-85），可作为盆景及日光温室栽培观赏。

7. 木瓜（*Carica papaya* Linn.）

别名番瓜、万寿果、乳瓜，番木瓜科番木瓜属，花果期全年。最适生长温度 22~25℃，温暖地区种植，土壤适应性较强，但以微酸性至中性为宜（图 6-86）。木瓜树体由下而上不断结果，是优良的观赏树种。作为灌木层景观植物，成片栽植效果极佳。

图 6-85　火龙果

图 6-86　木瓜

8. 柑橘（*Citrus reticulate* Blanco）

芸香科柑橘属，生长发育要求 12.5~37.0℃ 的温度。柑橘根系浅，对土壤的适应范围较广，pH 4.5~8.0 均可生长，以排水良好的土壤最适宜（图 6-87）。橘子树终年常绿，花香果美，可供绿化观赏，成片栽植效果更好。

9. 柚（*Citrus maxima*（Burm.）Osbeck）

柚别名柚子、雪柚、文旦，芸香科柑橘亚科柑橘属。原产地年平均气温 17.5℃，年日照 1898.6h。柚子对低温的忍受能力比甜橙、橙柑、温州蜜柑强。柚子对地势要求不严，对土壤要求也不严格，土壤 pH 以 5.5~6.5 为宜，土质以砂壤土最好（图 6-88）。其果型美观，适宜作观赏树种。孤植、片植均可。

图 6-87　柑橘

图 6-88　柚子

10. 龙眼（*Dimocarpus longan* Lour.）

龙眼别名桂圆、益智，无患子科龙眼属。喜温忌冻，年均温 20～22℃较适宜。为喜光树种，幼苗不耐过度荫蔽，壮龄树更需充分阳光。高大乔木，属深根性树种，能在干旱、瘠薄土壤上扎根生长，栽培品种须采用嫁接繁殖法（图 6-89）。植株树形美观，是绿化常见树种，片植。龙眼木质坚固耐久，可雕刻精美的工艺品。花期较长，是优良的蜜源植物。

11. 番荔枝（*Annona squamosa* L.）

番荔枝别名佛头果、香梨，番荔枝科番荔枝属。喜光，喜温暖湿润气候，要求年平均温度在 22℃以上，不耐寒；适合生长于深厚肥沃、排水良好的砂壤土（图 6-90）。番荔枝除可作热带果树种植外，也适宜在园林绿地中栽植观赏，孤植或成片栽植效果均佳。

图 6-89　龙眼　　　　　　　图 6-90　番荔枝

12. 香蕉（*Musa nana* Lour.）

香蕉别名甘蕉、芎蕉，芭蕉科芭蕉属。喜高温多湿，生长温度为 20～35℃，不宜低于 15.5℃。香蕉要求充足的阳光，但不能太猛烈。香蕉可用吸芽苗、块茎苗和组织培养苗作种苗，耐盐碱性较差（图 6-91）。温室中适宜孤植、丛植和群植。

13. 阳桃（*Averrhoa carambola* L.）

阳桃别名五敛子、杨桃，酢浆草科五敛子属，中国是原产地之一。杨桃又分为酸杨

图 6-91　香蕉

桃和甜杨挑两大类，宜在热带、南亚热带地区作经济栽培。杨桃喜高温多湿，较耐阴，忌冷，怕旱，怕风。浆果一年四季交替互生，但品质以秋分果熟为最佳（图 6-92）。温室中适宜孤植、丛植和群植。

14. 芒果（*Mangifera indica* L.）

芒果别名檬果、漭果、闷果、蜜望等，漆树科芒果属。喜温暖，喜光，

在平均气温20~30℃时生长良好，气温降到18℃以下时生长缓慢。在微酸性至中性、pH 5.5~7.5的土壤中生长良好，抗逆性强（图6-93）。芒果树形美观，遮阴性好，温室景观中适宜孤植、丛植和群植。

图6-92 阳桃

图6-93 芒果

15. 凤梨 （*Ananas comosus* （Linn.）Merr.）

凤梨别名菠萝、玉梨、黄梨、番梨，凤梨科凤梨属。喜温暖，年平均气温23℃以上的地区终年可以生长。菠萝的繁殖方法有营养体繁殖、组培育苗和整形催芽繁殖等（图6-94）。温室景观中作为地被景观植物，尽量丛植。

16. 鸡蛋果 （*Passiflora edulis* Sims）

鸡蛋果别名百香果、紫果西番莲、洋石榴，西番莲科西番莲属。喜高温湿润的气候，不耐寒，对土壤的要求不很严格。繁殖一般用带叶绿枝扦插，北方温室全年均可操作（图6-95）。

图6-94 凤梨

图6-95 鸡蛋果

17. 枇杷 （*Eriobotrya japonica* （Thunb.）Lindl.）

蔷薇科枇杷属。喜光，稍耐阴，最适排水良好、富含腐殖质、中性或微酸性的砂壤土、黏土和少风害之地，有一定耐寒性，寿命长，对氯气、氯化氢的抗性强（图6-96）。枇杷枝粗叶绿，浓荫如幄，四季常青，温室景观中适宜孤植、群植。

18. 狐尾椰子 （*Wodyetia bifurcata*）

别名狐狸椰子，棕榈科狐尾椰子属。喜温暖湿润、光照充足的生长环境，耐寒、耐旱、抗风。生长适温为 20～28℃，对土壤要求不严，以种子播种繁殖（图 6-97）。因其植株高大挺拔，形态优美，耐寒耐旱，从而迅速成为热带、亚热带地区最受欢迎的园林植物之一。

图 6-96　枇杷

图 6-97　狐尾椰子

第三节　温室花卉

温室景观特色花卉根据花卉不同品种所代表和展示风格的不同分为草本花卉和木本花卉两大类。

一、草本花卉

（一）陆生草本花卉

1. 马蹄莲 （*Zantedeschia aethiopica*（L.）*Spreng.*）

马蹄莲别名慈姑花、观音莲，天南星科马蹄莲属。原产南非，喜半阴、温暖环境，忌酷暑、湿涝。多年生球根花卉，植株高 30～40cm。叶卵状箭形；佛焰苞白色，质厚，似马蹄状；肉穗花序鲜黄色，花期 12 月至翌年 5 月；叶片翠绿，花苞片洁白硕大，宛如马蹄，形状奇特（图 6-98）。用途十分广泛，可盆栽植于温室作为花境。

图 6-98　马蹄莲

2. 火鹤花 （*Anthurium scherzerianum. Schott*）

火鹤花别名红掌、花烛、安祖花、红鹅掌，天南星科花烛属。原产于美洲热带地区，喜半阴、高温和多湿的环境。多年生常绿草本花卉，株高50～90cm。叶椭圆状心脏形；花梗长 25～30cm；佛焰苞长 5～20cm，红色，肉穗花序多为螺旋状；花多数，花期2～12月。栽培品种佛焰苞有白色、黄色和粉色，其花朵独特，色泽鲜艳华丽，色彩丰富，是世界名贵花卉（图6-99）。

3. 石斛（*Dendrobium nobile* Lindl）

石斛别名吊兰、吊兰花、金钗石斛，兰科石斛兰属。原产地主要分布于亚洲热带和亚热带、澳大利亚和太平洋岛屿，喜温暖、湿润和半阴环境。多年生落叶草本。假鳞茎丛生，圆柱形或稍扁，基部收缩；叶纸质或革质，矩圆形，顶端2圆裂；总状花序，花大、半垂，白色、黄色、浅玫红、粉红色等，艳丽多彩，十分美丽，许多种类气味芳香（图6-100）。可作为垂吊植物、香气花卉，亦可盆栽置于温室作花箱、摆花。

图6-99　火鹤花　　　　　　　　图6-100　石斛

4. 蝴蝶兰（*Phalaenopsis aphrodite* Rchb. f.）

蝴蝶兰别名蝶兰，兰科蝴蝶兰属。产于菲律宾和马来西亚半岛，我国台湾地区也有分布，喜半阴、高温和多湿环境。多年生草本花卉。叶丛生，倒卵状长圆形；总状花序至圆锥花序，呈弓状，长70～100cm；茎10～12cm；花期11月至翌年3月。栽培品种有粉色、白色、黄色和斑纹，花形美丽、娇艳，为名贵花卉品种（图6-101）。可作花箱、花车、花境等。

图6-101　蝴蝶兰

5. 文心兰（*Oncidium* Hybrid）

文心兰别名跳舞兰、金蝶兰、瘤瓣兰，兰科文心兰属植物总称。原产南美洲及北美洲南部，喜半阴、温暖和湿润环境。多年生草本花卉。假鳞茎顶端着生两枚叶片，剑状阔披针形；花梗从假鳞茎顶端抽出，顶生聚散花序，小花黄色，花被片窄条形，黄色，有红褐色斑点，花期2～12月。植株轻巧，花茎轻盈下垂，花形美丽、娇艳，形似飞翔的金蝶，极富动感（图6-102），是世界重要的盆花和切花种类之一，可盆栽置于温室作观花。

6. 卡特兰（*Cattleya labiata* Lindl）

卡特兰别名阿开木、嘉德丽亚兰，兰科卡特兰属。原产热带美洲，喜温暖、湿润、半阴环境。多年生草本花卉。假鳞呈棍棒状或圆柱状，具 1～3 片革质厚叶；花单朵或数朵，着生于假鳞茎顶端；花萼与花瓣相似，唇瓣 3 裂，基部包围雄蕊下方，中裂片伸展而显著。卡特兰是洋兰中的代表品种，一年四季均有开花的品种，其花形、花色千姿百态，绚丽夺目（图 6 - 103）。温室景观中作为陪衬花。

图 6 - 102　文心兰

图 6 - 103　卡特兰

7. 大花蕙兰（*Cymbidium* sp.）

大花蕙兰别名虎头兰、喜姆比兰和蝉兰，兰科兰属。原产中国西南地区，喜温暖、湿润环境，要求光照充足。多年生草本花卉。假鳞茎椭圆形，粗大；叶宽而长，下垂，浅绿色，有光泽；花葶斜生，稍弯曲，有花 6～12 朵，略带香气（图 6 - 104）。大花蕙兰花大色艳，是优秀的盆栽观花植物。

8. 波瓣兜兰（*Paphiopedilum insigne*（Lindl.）Pfitz.）

波瓣兜兰别名兜兰、美丽兜兰，兰科兜兰属。原产中国，喜湿润、具有散射光的半阴环境。多年生草本植物，陆生无茎植物。叶片为尖削的带状，肥厚多肉，由短根茎成丛长出；花朵着生于由叶片中心抽生的花茎上，花朵肥厚，具光泽和蜡质，每朵花的开放期为 50～80d（图 6 - 105）。其株形娟秀，花形奇特，花色丰富，花大色艳，很适合盆栽观赏，是极好的高档室内盆栽观花植物。

图 6 - 104　大花蕙兰

图 6 - 105　波瓣兜兰

9. 君子兰（*Clivia miniata*（Lindl.）Bosse）

君子兰别名剑叶石蒜、大叶石蒜，石蒜科君子兰属。原产南非，喜温暖、湿润、半阴的环境。多年生常绿草本，株高45cm左右。地下部为假鳞茎，肉质根粗壮，不分枝或少分枝；基生叶，两侧对生，排列整齐，革质，全缘，宽剑形叶，叶尖钝圆，深绿色有光泽；花茎从叶丛中抽出，直立，有粗壮的花梗，长30~50cm；伞形花序，花蕾外有膜质苞片，每苞中有花数朵（图6-106）。温室景观中主要作为盆栽摆饰。

10. 朱顶红（*Hippeastrum rutilum*（Ker-Gawl.）Herb.）

朱顶红别名朱顶兰、孤挺花、百支莲、喇叭花，石蒜科朱顶红属。原产美洲热带地区，喜半阴、湿润，怕水涝。多年生草本。地下具球形鳞茎；叶6~8枚，宽带形，通常花后抽出；花茎中空；顶生伞状花序，有花3~6朵；春夏开花，花大，漏斗形，与百合花相似，花呈红、白、粉等色且有白色条纹，筒部长2.5cm，喉部有不明显的副花冠（图6-107）。除盆栽观赏以外，配植形成群落景观，增添园林景色。

图6-106　君子兰

图6-107　朱顶红

11. 水仙（*Narcissus tazetta* var. *chinensis* Roem.）

水仙别名天葱、雅蒜、凌波仙子，石蒜科水仙属。主要分布于我国东南沿海，喜温暖湿润的气候。多年生球根花卉。地下部分的鳞茎肥大似洋葱，卵形至广卵状球形，外被棕褐色皮膜；叶狭长带状，二列状着生；花葶中空，扁筒状，通常每球有花葶数支，多者可达10余支，每葶花数朵至10余朵，组成伞房花序（图6-108）。温室景观中主要以盆栽为主。

12. 地涌金莲（*Musella lasiocarpa*（Franch.）C. Y. Wu ex H. W. Li）

地涌金莲别名千瓣莲花，芭蕉科地涌金莲

图6-108　水仙

属。原产中国，喜光照充足、温暖的环境。多年生常绿草本。植株丛生，具水平生长匍匐茎，地上部分为假鳞茎，高约 60cm；叶长椭圆形，状如芭蕉；花序莲座状，生于假茎上，苞片黄色，有花两列，花被微带淡紫色，花期 8～10 个月。地涌金莲形奇特，花色金黄，花期长达 200 多天（图 6－109）。宜植于花坛中心或山边、墙隅，背靠粉墙。

13. 紫花瓶子草（*Sarracenia purpurea.*）

紫花瓶子草别名荷包猪笼，瓶子草科瓶子草属。原产大西洋等地区，喜温暖，要求较高的湿度，适宜在半阴、避风的环境中生长。多年生食虫草本。无茎，叶丛莲座状，叶常绿，粗糙，圆筒状；花葶直立，花单生，下垂，紫或绿紫色，4～5 月开放（图 6－110）。可作垂吊花卉栽植观赏，其形态奇妙，造型可爱，适合盆栽观赏。

图 6－109　地涌金莲

图 6－110　紫花瓶子草

14. 捕蝇草（*Dionaea muscipula* Ellis）

捕蝇草别名落地珍珠、捕虫草、食虫草、草立珠、一粒金丹、苍蝇草，茅膏菜科捕蝇草属。原产北美东南部，要求高湿、夏季凉爽低温、光线充足或轻微遮阴。多年生草本食虫植物。叶基生，莲座状；叶柄宽大呈叶片状，叶片近圆形，分成两半，边缘有许多长刺毛；伞形花序，顶生，花葶高 30cm，花白色（图 6－111），适于盆栽观赏。

图 6－111　捕蝇草

15. 猪笼草（*Nepenthesmirabilis*（Lour.）Merr.）

猪笼草别名水罐植物、猴水瓶、猴子埕、猪仔笼、忘忧草等，猪笼草科猪笼草属。原产东南亚和澳大利亚的热带地区，喜温暖、湿润和半阴环境。多年生藤蔓植物。叶互生，长椭圆形，全缘；中脉延长为卷须，末端有一小叶笼，叶笼小瓶状，瓶口边缘厚，上有上盖，成长时盖张开，不能再闭合，以绿色为主，有褐色或红色的斑点和条纹；雌雄异株，总状花序

（图6-112）。猪笼草美丽的叶笼特别诱人，是目前食虫植物中最受人喜爱的种类，常用于盆栽或吊盆观赏，点缀花架或悬挂树下和走廊旁，十分别致。

16. 鹤望兰（*Strelitzia reginae* Ait.）

鹤望兰别名极乐鸟花、天堂鸟、鹤望兰，旅人蕉科鹤望兰属。原是产于非洲南部好望角的一种野花，植株高达1m。株型丛生，叶似芭蕉，叶柄较长，排成扇状，长相粗犷；花茎从叶腋抽出，长达50cm，当绽放时，总苞紫红、花萼橙黄、花瓣浅蓝，整个花形恍如一只正在展翅滑翔的彩雀。它的花期很长，从秋到春都可接连开放，每年每株约开二三十朵，清新、高雅（图6-113）。温室景观中可丛植或点缀花坛中心，景观效果极佳。

图6-112 猪笼草　　　　　　图6-113 鹤望兰

17. 文殊兰（*Crinumasiaticum* Linn）

文殊兰别名十八学士，石蒜科文殊兰属。原产东南亚，喜半阴和肥沃砂壤土。多年生草本，株高50~60cm，株幅50~60cm；叶片带状，中绿色，长1~1.2m；伞形花序顶生，着花10~20朵，花窄瓣状，白色，芳香，花期夏季（图6-114）。具有高雅简洁、清凉之感，丛栽于草地边缘，让人感到清爽明快，富有情趣。

18. 仙客来（*Cyclamen persicum* Mill.）

仙客来别名兔子花、兔耳花、一品冠，报春花科仙客来属。原产地中海一带，喜凉爽、湿润及阳光充足的环境。块茎扁圆球形或球形，肉质；叶片由块茎顶部生出，心形、卵形或肾形，叶缘有细锯齿，叶面绿色，具有白色或灰色晕斑，叶背绿色或暗红色，叶柄较长，红褐色，肉质；花单生于花茎顶部，花朵下垂，花瓣向上反卷，犹如兔耳；花有白、粉、玫红、大红、紫红、雪青等色，基部常具深红色斑；花瓣

图6-114 文殊兰

边缘多样，有全缘、缺刻、皱褶和波浪等形。花期 10 月至翌年 4 月（图 6 – 115）。仙客来是良好的观花植物，可置于花架、地被等盆栽装饰。

19. 红雀珊瑚（*Pedilanthus tithymaloides*（Linn.）Poit）

红雀珊瑚别名大银龙、洋珊瑚、拖鞋花，大戟科红雀珊瑚属。原产中美洲西印度群岛，喜温暖，耐阴。茎肉质，绿色；叶卵形至卵状矩圆形，叶背中脉作龙骨状凸起，叶面不平整，先端短尖，边缘波形；聚伞花序顶生，总苞左右对称，闭合，鲜红色或紫色；茎干绿色，有规则地弯曲，颇为奇特；总苞鲜红色，形似小鸟的头冠，绿色曲枝配以红色花苞，美丽秀雅（图 6 – 116），常路边点缀，配植。

图 6 – 115　仙客来

图 6 – 116　红雀珊瑚

20. 金钻蔓绿绒（*Philodendron'con-go'*）

金钻蔓绿绒别名金钻喜树蕉，天南星科喜林芋属。喜温暖、湿润半阴环境。中型种，茎短，成株具气生根；叶长圆形，长约 30cm，有光泽，先端尖，革质，绿色（图 6 – 117），是优良的观叶植物。

21. 福禄桐（*Polyscias guilfoylei*（Cogn. et March.）Bailey）

福禄桐别名南洋参，五加科南洋参属。原产印度至太平洋地区，喜温暖湿润、光照充足的环境，不耐寒，较耐高温。常绿灌木类。通常少分枝，叶互生，奇数羽状复叶，小叶叶数和叶形变化甚大，小叶卵圆形至披针形，边缘有锯齿或分裂，具短柄，叶片绿色；伞形花序成圆锥状，花小而繁，绿色（图 6 – 118），茎

图 6 – 117　金钻

干挺拔，叶片鲜亮，是良好的室内观叶植物，适应室内环境能力较强，既时尚典雅，又自然清新。

22. 孔雀竹芋（*Calathea makoyana* E. Morr）

孔雀竹芋别名孔雀肖竹芋、五色葛郁金、蓝花蕉或马寇氏蓝花蕉，竹芋

科肖竹芋属。原产巴西东部，喜半阴和肥沃的壤土，耐5℃。多年生草本，株高40～45cm，株幅20～22cm。叶片宽卵圆形，长20～30cm，叶面淡绿色，沿中脉左右有交互的深绿色长圆形斑点，背面紫色，长20～30cm（图6－119）。盆栽作为装饰，郁郁葱葱、心旷神怡；丛植假山石旁，青翠醒目，栩栩如生。

图6－118 福禄桐　　　　　　　图6－119 孔雀竹芋

23. 金山棕（*Rhapis multifida* Burret）

金山棕别名多裂棕竹，棕榈科棕竹属。原产中国南部至苏门答腊岛北部，喜温暖、阴湿及通风良好的环境，稍耐寒，可耐0℃左右的低温。高可达2～3m，直径1cm；掌状深裂，裂片15～30，长约30cm，宽近2cm，边缘及肋脉具细齿，先端渐尖、具齿，叶柄光滑，叶鞘纤维褐色（图6－120）。植株秀丽，叶裂片细而匀称，可孤植、丛植，也可盆栽观赏或制作大型盆景。

24. 龟背竹（*Monstera deliciosa* Liebm）

龟背竹别名龟背蕉、蓬莱蕉，天南星科龟背竹属。原产墨西哥南部至巴拿马，喜温暖、湿润和半阴的环境。攀援性多年生常绿草本。成熟叶宽卵圆形至心形，革质，光滑，长30～90cm，羽裂，侧脉间有不规则的孔洞，中绿至深绿色（图6－121）。散植于池旁、溪沟和石隙中，极为自然，引人入胜。

图6－120 金山棕　　　　　　　图6－121 龟背竹

25. 春羽（*Philodendron selloum* R. Koch）

春羽别名羽裂蔓绿绒、春芋、羽裂喜林芋，天南星科喜林芋属。原产巴西、巴拉圭等地，较耐荫蔽。多年生草本。茎上有明显叶痕及电线状的气根；叶于茎顶向四方伸展，有长40～50cm的叶柄，叶身鲜浓有光泽，呈卵状心形，长可及60cm，宽及40cm，但一般盆栽的仅约一半大小，全叶羽状深裂，呈革质（图6－122）。春羽叶态奇特，十分耐阴，适宜放置在水系边、室内景观摆设。

26. 五彩千年木（*Dracaena marginata* hort.）

图6－122　春羽

五彩千年木别名彩纹竹蕉，百合科龙血树属。原产马达加斯加，耐旱、耐阴，也耐强光，唯生长较缓慢。多年生草本。挺直细柱状，分枝少，株高可达2m；叶细线形，全缘，先端尖细，簇生于茎顶，叶面中间黄绿色，叶缘镶细的红色条纹。极适合盆栽作室内植物，可当花材（图6－123）。

27. 琴叶榕（*Ficus pandurata* Hance）

琴叶榕别名琴叶橡皮树，桑科榕属。原产西非和中非热带地区，喜光和肥沃砂壤土，耐5℃。常绿乔木，25cm，株幅10～20m。叶大，提琴状，全缘波状，革质，深绿色，长25～45cm，背面有褐色棉毛（图6－124）。其树姿优美，叶形绮丽，是室内十分流行的观叶植物。

图6－123　五彩千年木

图6－124　琴叶榕

（二）水生花卉

1. 芡实（*Euryaie ferox* Salisb. ex Konig et Sims）

芡实别名鸡头米、鸡头苞、鸡头莲、刺莲藕，睡莲科芡属。分布于东南亚，喜温暖水湿环境，不耐霜寒，生长期间需要全光照。根壮茎短缩，叶从短缩茎上抽出，初生叶箭形，过渡叶盾状，定形叶圆形，叶面绿色，皱缩，光亮，背面紫红色，网状叶脉隆起，形似蜂巢；花单生，蓝紫色，雄蕊多数，花药内向，外层雄蕊逐渐变成花瓣，浆果球形（图6-125）。以观叶为主，多与荷花、睡莲、香蒲等配植水景，尤多野趣。

2. 香蒲（*Typha orientalis* Presl）

香蒲别名蒲草、水蜡烛、毛蜡烛、蒲黄、蒲棒，香蒲科香蒲属。分布于我国西南，生于河滩及低湿地。多年生草本植物，高50~70cm。根桩茎粗壮，茎直立，细弱；叶具有大型膜质叶鞘，叶片细线形；穗状花序呈蜡烛状，雌雄花序不相连；花果期5~10月（图6-126）。可种植于水景宽阔一面，自成一景，也可丛植作水景障屏配植。

图6-125　芡实　　　　　　　　　　图6-126　香蒲

3. 水葱（*Scirpus validus* Vahl）

水葱别名管子草、冲天草、莞蒲，莎草科藨草属。原产欧亚大陆，喜水湿、凉爽。多年生草本植物，株高1.0~1.2m，茎秆直立，圆柱形，有白色环状带（图6-127）。水葱株丛挺拔直立，色泽淡雅，多植于池旁，形极为美观；盆栽可在小池中摆放几盆，或花坛布置，都别具一格。

4. 印度红睡莲（*Nymphaea rubra* Roxb. ex Andrews）

印度红睡莲别名红花睡莲、热带红睡莲，睡莲科属睡莲属。原产于亚洲热带地区、印度中部和南部，喜温暖、水湿、充足阳光和肥沃黏质壤土，多年生水生植物。叶椭圆形至近圆形，边缘锯齿状，朱红色，背面紫红色；花星状、红色，萼片紫红色，有脉纹，雄蕊橙红色，傍晚开花，午前闭合，花期夏季（图6-128）。广泛用于水面景观，成片栽植，花时景色十分壮观。

图6-127　水葱　　　　　　　　　　图6-128　印度红睡莲

5. 白睡莲（*Nymphaea abla* Linn.）

白睡莲别名洋睡莲，睡莲科睡莲属。原产欧亚大陆、非洲北部，喜温暖、水湿、阳光充足的环境和肥沃黏质砂壤土。多年生水生植物。叶片圆形至卵圆形，深绿色，背面红绿色，叶茎30cm，基部弯缺；花朵杯状至星状，白色，芳香，花瓣12~28枚，雄蕊黄色，白天开花，花期夏季（图6-129）。布置于水池周围，与草坪、山石、驳岸接壤，构成宁静、别致的自然水际；也可配植于水槽、迷你水景。

6. 雨久花（*Monochoria korsakowii* Regel et Macck）

雨久花别名水白菜、蓝鸟花，雨久花科雨久花属。原产中国，喜温暖、湿润、阳光充足和肥沃黏质壤土。多年生水生植物。叶片广卵圆形，亮绿色，长5~13cm；总状花序，着花10余朵，花被为花瓣状，6枚，蓝色，花期夏末初秋（图6-130）。适合于庭园水池、水槽布置，素雅悦目，别具特色。

图6-129　白睡莲

图6-130　雨久花

7. 花菖蒲（*Iris ensata Thunb*）

花菖蒲别名玉蝉花，鸢尾科鸢尾属。原产中国、日本、俄罗斯东部，喜温暖、湿润和阳光充足的环境和微酸性黏质壤土。叶片扁平，自立，中肋显著，中绿色；花茎高出叶片，着花3~4朵，重瓣性强，紫或紫红色，花期初夏（图6-131）。是重要的湿生花卉，园林中成片栽植形成群落景观，十分自然耐观。水池边际配上3~5丛花菖蒲和斑叶菖蒲，营造出一种田园气氛，水景配置或盆栽均显得自然多姿、生动活泼，瓶插也淡雅素净，韵

图6-131　花菖蒲

味十足。可布置专类园，也可植于林荫树下作为地被植物。

（三）沙生植物

1. 金琥（*Echinocactus grusonii* Hildm）

金琥别名象牙球，仙人掌科金琥属。原产地墨西哥中部，喜光和肥沃砂壤土，耐10℃。多年生肉质植物，株高60～130cm，株幅80～100cm。花钟形，亮黄色，长4～6cm；花期夏季；叶退化，茎球形，亮绿色，20～40个棱，刺座上着生周刺8～10枚，中刺3～5枚，均为金黄色。球体大，浑圆，布满金黄色硬刺，点缀于环境中，显得金碧辉煌，十分珍奇迷人（图6–132）。展示沙漠植物，一般丛植为主，也可盆栽摆放。

2. 鬼脚掌（*Agave victoriaereginae* T. Moore）

鬼脚掌别名箭山积雪、雪簧草，龙舌兰科龙舌兰属。原产于美国、墨西哥，喜光和富含石灰质的砂壤土，耐10℃。多年生肉质植物。总状花序，长4～5m，花米白色，长5cm，花期夏季；叶片三角状长圆形，厚质，深绿色，具白色斑纹，长15～30cm，叶尖圆，顶端具棕色刺。叶片硬坚、美丽，点缀于特点的环境中，具有极大的趣味性和吸引力（图6–133）。

图6–132　金琥　　　　　　　　　　图6–133　鬼脚掌

3. 虎刺梅（*Euphorbia milii* Ch，des Moulina）

虎刺梅别名铁海棠、麒麟刺、麒麟花，大戟科大戟属。原产非洲马达加斯加岛，喜光和肥沃砂壤土，耐12℃。灌木状肉质植物，聚散花序，花杯状，红黄色，苞片小，深红色。红花绿叶，十分显眼，可使环境充满温暖、喜庆的气氛（图6–134）。

4. 彩云（*Melocactus intortus*（P. Mill）Urban）

仙人掌科花座球属。原产哥伦比亚，喜温暖、干燥和阳光充足的环境，不耐寒，宜酸性砂壤土。多年生肉质植物，花朵淡红色，花座紫红色与白色相间，花期夏季；叶退化，茎单生，扁圆形，径12～14cm，10～12棱，蓝绿色，周刺7～8枚，淡褐色，中刺1枚，褐色。圆球体，让人耳目一新，使室内环境显得可爱和充满无穷的乐趣（图6–135）。

图 6 - 134　虎刺梅　　　　　　　　图 6 - 135　彩云

5. 非洲霸王树（*Pachypodiumlamerei* Drake）

非洲霸王树别名棒槌树、马达加斯加棕榈，夹竹桃科棒槌树属。原产于马达加斯加，喜光和肥沃的砂壤土，耐 10℃。株高 4～6m，株幅 1～2m。树状肉质植物，花高角碟状，乳白色，喉部黄色，花茎 11cm，花期夏季；叶集生茎秆顶部，线形至披针形，深绿色，长 25～40cm；茎秆圆柱形，肥大，褐绿色，密生 3 枚一簇的硬刺。幼株盆栽，四季青翠，新奇别致。布置景观，株形奇特、有趣，别具特色（图 6 - 136）。

6. 新天地（*Gymnocalycium saglionis*（Cels）Britton & Rose）

新天地别名豹子头，仙人掌科裸萼球属。原产阿根廷北部及玻利维亚南部安第斯山地区。植株单生，扁圆球形至圆球形，球径 25～30cm，体色暗绿色，具 20～30 个圆锥形突起的棱。微弯的锥形周刺 8～10 枚，中刺 1～3 枚；新刺紫红褐色，老刺灰色。春季在近球顶中心的刺座上绽开粉红色钟状花，花径 3.5～4.0cm。品种有黑刺新天地、红刺新天地（图 6 - 137）。

图 6 - 136　非洲霸王树　　　　　　图 6 - 137　新天地

7. 巨人柱（*Carneginea gigantean*（Engelm.）Britton & Rose）

巨人柱别名冲天柱，仙人掌科巨人柱属。原产美国、墨西哥，喜温暖、干燥和阳光充足的环境及含石灰质的砂壤土，耐 10℃。多年生肉质植物，花朵漏斗状或钟状，白色，长 12cm，花期初夏。叶退化，茎圆柱形，12～24

棱，深绿色，刺座有褐色棉毛，周刺12~16，中刺3~6，褐色。植株高大挺拔，适用于展览，常与金琥、翁柱、秘鲁天伦柱等组成热带荒漠景观（图6-138）。

8. 汝兰（*Stephania sinica Diels*）

金不换别名华千金藤、金不换、山乌龟，防己科千斤藤属。生于大石缝、峭壁、乱石堆的半阴处或丛林中，分布于广东海南岛。块根略呈球形，枝条纤细，叶心形，攀援性强，属稀有观赏植物，在北方极为罕见（图6-139）。

图6-138　巨人柱

9. 龟甲龙（*Dioscorea elephantipes*）

龟甲龙别名龟蔓草，薯蓣科龟甲龙属。原产非洲南部干旱地区，在纳米布沙漠分布比较集中。落叶藤本植物，茎基部肉质膨大成为半球状，成熟植株直径可达1m，为茎基本膨大植物的典型代表，非常典型和奇特，属世界珍稀物种（图6-140）。

图6-139　汝兰

图6-140　龟甲龙

10. 鸾凤玉（*Astrophytum myriostigma Lem.*）

鸾凤玉别名绒毛掌、金晃星，仙人掌科星球属。原产墨西哥高原的中部，喜温暖、干燥和阳光充足的环境，有一定的耐寒性，耐干旱，稍耐半阴，也耐强光，怕水涝。草本植物，株高约60cm。植株单生，初呈球状，长大后为柱状。其中五棱的最为常见，三棱的"三角鸾凤玉"较稀有名贵，四棱的"四角鸾凤玉"也称四方玉，四条阔棱均匀对称，也很有趣。鸾凤玉外形酷似一块岩石，也可地栽布置沙漠植物景观（图6-141）。

11. 木立芦荟（*Aloe arborescens Mill.*）

木立芦荟别名木剑芦荟、小木芦荟，百合科芦荟属。原产于津巴布韦、南非，喜光和肥沃砂壤土，耐10℃，呈莲座状，叶剑形，肉质，亮绿色，长50～60cm，叶缘有肉质刺。可栽植于温室作地被植物，其绿地毯式的景观引人入胜（图6－142）。

图6－141　鸾凤玉　　　　　　　　图6－142　木立芦荟

12. 将军柱（*Austrocylindropuntia subulata*（Muehlenpf.）Backeb.）

将军柱别名将军，仙人掌科圆筒仙人掌属。原产美国、墨西哥，喜温暖、干燥、阳光充足的环境和含石灰质的沙壤土，耐10℃。多年生肉质植物，花车轮状，红色，花期秋季；叶圆柱形，绿色，生于刺座上，茎圆筒形，深绿色，无棱，由长圆形瘤块所包围，刺座上着生白刺，青翠葱郁，神采奕奕（图6－143）。

图6－143　将军柱

二、木本植物

1. 九里香（*Murraya paniculata* L.）

九里香别名石辣椒、九秋香、九树香，芸香科九里香属。原产中国，喜温暖气候，不耐寒。常绿灌木或小乔木，株高3～8m，多分枝。奇数羽状复叶互生，小叶3～9枚，卵形或近菱形，全缘。聚伞花序，花白色，径约4cm，极香。浆果近球形，朱红色，10月至翌年2月果熟。树姿优美，枝叶秀丽，花香宜人，四季常青（图6－144）。园林景观中丛植、孤植，盆栽观赏。

2. 宝莲花（*Medinilla magnifica* Lindl）

宝莲花别名粉苞酸脚杆、珍珠宝莲、宝莲灯、美丁花，野牡丹科酸脚杆属。原产菲律宾、马来西亚和印度尼西亚的热带森林，喜高温多湿和半阴环境，不耐寒，忌烈日暴晒。多年生小灌木（图6－145）。因株形优美，灰绿色叶片宽大粗犷，粉红色花序下垂，一般作为盆栽、垂吊花卉。

图6-144 九里香

图6-145 宝莲花

3. 杜鹃 (*Rhododendron simsii* var. *simsii*)

杜鹃别名映山红,杜鹃花科杜鹃花属。多数种产于高海拔地区,喜凉爽、湿润气候,忌酷热干燥。杜鹃花属种类繁多,形态各异,由大乔木至小灌木;主干直立或呈匍匐状,枝条互生或轮生(图6-146),主要以丛植为主。

4. 猫尾木 (*Dolichandrone cauda-felina* (Hance) Benth)

猫尾木别名猫尾,紫葳科猫尾木属。原产中国,喜光,稍耐阴,喜高温、湿润气候。树皮灰黄色,薄片状剥落;奇数羽状复叶对生;顶生总状花序,花冠漏斗状,基部暗紫色,上部黄色,秋冬季开花。树冠浓郁,花大而美丽,蒴果形态奇异,酷似巨型猫尾(图6-147),主要作为灌木配植。

图6-146 杜鹃

图6-147 猫尾木

5. 佛肚竹 (*Bambusa* ventricosa McClure)

佛肚竹别名佛竹、罗汉竹,禾本科簕竹属。原产中国,喜温暖、湿润和阳光充足的环境。常绿丛生竹,茎秆下部节间短缩而膨胀,叶卵状披针形,中绿色。枝叶四季长青,节间膨大,形状奇特(图6-148)。适合丛植,配植于山石处或水景旁。

6. 金镶玉竹 (*Phyllostachys aureosulcata 'Spectabilis'*)

金镶玉竹别名黄金竹、高寒竹、金丝竹，禾本科刚竹属。原产中国，喜温暖、湿润和阳光充足的环境。散生型中型竹，竹竿壁黄色，具数条纵条纹；叶披针形，节下有白粉环（图6-149）。适合丛植，其绿色竹叶和金黄色竹竿引人入胜。

图6-148　佛肚竹　　　　　　　图6-149　金镶玉竹

7. 美洲合欢 (*Calliandra haematocephala* Hassk)

美洲合欢别名朱缨花、红合欢、红绒球，含羞草科朱缨花属。原产中亚、东亚和非洲，喜光和肥沃砂壤土。落叶乔木，二回羽状复叶，各具10~40对镰刀小叶；中绿色，长30~45cm；头状花序排成伞房状，花粉红色，花期夏季。树冠开阔，夏日绿叶红花，十分醒目（图6-150），主要以丛植为主。

图6-150　美洲合欢

8. 面包树 (*Artocarpus altilis* Parkinson)

桑科菠萝蜜属。原产南太平洋一些岛屿国家。常绿乔木。树干粗壮，枝叶茂盛，叶大而美，一叶三色；雌雄同株，雌花丛集成球形，雄花集成穗状。枝条、树干直到根部，都能结果（图6-151）。作为奇特树种展示，一般孤植或丛植，作为主景树种。

9. 羊蹄甲 (*Bauhinia purpurea* DC. ex Walp)

羊蹄甲别名红花紫荆、洋紫荆，豆科羊蹄甲属。原产南亚热带，喜阳光和温暖潮湿环境，不耐寒。常绿乔木，树高5~8m，幅约6m，树皮灰褐色；枝条开展，下垂；叶互生，革质，圆形或阔卵形，长、宽8~15cm；表面暗绿色而平滑，背面淡灰绿色，微有毛，掌状脉清晰。顶生总状花序，花瓣倒卵状矩形，玫瑰红或玫瑰紫色，花形如兰花状，又有近似兰花的清香气味，故亦有"兰花树"的别称，花期10月（图6-152）。作为主景树种，一般丛植。

图6-151 面包树

图6-152 羊蹄甲

10. 含笑花（*Michelia chapensi.*）

含笑花别名含笑、唐黄心树，木兰科含笑属。原产中国，喜温暖湿润的气候。常绿乔木，叶薄革质，倒卵形或长圆状倒卵形，有光泽；3~4月开花，花淡黄色，具芳香（图6-153）。温室景观中一般以灌木形式进行栽植、丛植。

11. 三角梅（*Bougainvillea spectabilis* wind.）

三角梅别名叶子花、九重葛、勒杜鹃，紫茉莉科叶子花属。原产巴西，喜温暖湿润气候和充足的阳光。常绿攀援状灌木。枝具刺，拱形下垂；单叶互生，卵形全缘或卵状披针形，被厚绒毛，顶端圆钝；花顶生，花很细小，黄绿色，常三朵簇生于三枚较大的苞片内，苞片卵圆形，有鲜红色、橙黄色、紫红色、乳白色等。三角花苞片大，色彩鲜艳如花，且持续时间长，观赏价值高，亦可作攀援花卉；三角梅的茎形状奇特、千姿百态，或左右旋

图6-153 含笑花

转、反复弯曲，或自己缠绕、打结成环；枝蔓较长，柔韧性强，可塑性好，萌发力强，极耐修剪（图6-154）。可用于花架、花柱、绿廊、拱门和墙面的装饰，或修剪成各种形状供观赏。

12. 非洲茉莉（*Fagraea* Thunb）

非洲茉莉别名灰莉、箐黄果，马钱科灰莉属。原产中国，喜温暖，好阳光。常绿蔓性藤本。叶对生，广卵形、长椭圆形，表面暗绿色，夏季开花，伞房状集伞花序，腋生，花期5月，果期10~12月。非洲茉莉枝条色若翡翠，叶片油光闪亮，花朵略带芳香，花形优雅，每朵五瓣，呈伞状，簇生于花枝顶端，花期很长，冬夏都开，以春夏开得最为灿烂。清晨或黄昏，若有若无的淡淡幽香沁人心脾（图6-155）。一般以对称栽植、丛植为主。

图6-154　三角梅

图6-155　非洲茉莉

13. 米兰（*Aglaia odorata* Lour）

米兰别名米仔兰，楝科米仔兰属。原产中国，喜阳光充足、温暖湿润气候，不耐寒。常绿灌木或小乔木，株高4~7m，叶倒卵形至长椭圆形；圆锥花序腋生，花黄色，形似小米，芳香。树姿秀丽，枝叶茂密，花清雅芳香，是颇受欢迎的花木（图6-156）。一般以丛植为主，可作为芳香区植物。

14. 孔雀木（*Dizygotheca elegantissima* R. Vig. et Guillaumin）

孔雀木别名手树，五加科孔雀木属。原产澳大利亚、太平洋群岛，喜温暖湿润

图6-156　米兰

和充足光照的环境，耐5℃。树形和叶形优美，叶片掌状复叶，紫红色，小叶羽状分裂，非常雅致，为名贵的观叶植物（图6-157），丛植为主。

15. 菩提树（*Ficus religiosa* L.）

菩提树别名觉悟树、智慧树，桑科榕属。原产中国，喜光和微酸性沙壤土，耐5℃。常绿乔木，株高6~8m，株幅6~8m。叶心形深绿色，长12~18cm，叶柄

长而易变弯；雌雄同株，隐头花序，花期夏季。十分舒展，若与常春藤、垂叶榕、孔雀木等配合装点景观，给人以古朴典雅之感（图6-158）。

图6-157　孔雀木　　　　　　　　图6-158　菩提树

16. 黄金树 (*Catalpa speciosa* (Warder ex Barnev) Engelmann)

黄金树别名美国楸树，紫葳科梓属。原产美国，喜光和湿润凉爽气候。落叶乔木。叶片广卵形至卵状椭圆形，背面被白色柔毛，基部心形或截形；圆锥花序顶生，花冠白色，形稍歪斜，下唇裂片微凹，内面有2条黄色脉纹及淡紫褐色斑点；花期5月，果期9月。树形高大，枝条粗，冠形开阔，是十分优良的阔叶树种（图6-159），主要孤植。

17. 佛肚树 (*Jatropha podagrica* Hook)

佛肚树别名珊瑚树、珊瑚油桐、玉树珊瑚，大戟科麻风树属。原产哥伦比亚，耐阴，喜温暖。株高40~50cm，茎基部膨大呈卵圆状棒形，上部二歧分枝，叶6~8片簇生于枝顶，盾形，3浅裂，光滑，稍具蜡质白粉；花序重复二歧分枝，长约15cm，花鲜红色（图6-160）。株形奇特，可作为主景树种。

图6-159　黄金树　　　　　　　　图6-160　佛肚树

18. 榕树 (*Ficusmicrocarpa* L. f.)

榕树别名细叶榕、小叶榕，桑科榕属。原产于华南、印度及东南亚各国至澳大利亚。常绿大乔木，高20~25m。叶革质，椭圆形、卵状椭圆形或倒卵形，颜色呈淡绿色，长4~10cm，宽2~4cm；花序托单生或成对生于叶腋，扁倒卵球形，直径5~10mm，乳白色，成熟时黄色或淡红色。榕树以树形奇特、枝叶繁茂、树冠巨大而著称，四季常青，姿态优美，具有较高的观赏价值和良好的生态价值（图6-161）。可作为主景树种。

19. 红豆杉（*Tanus chinensis*（Pilger）Rehd.）

红豆杉别名卷柏，红豆杉科红豆杉属。原产中国，喜温暖、半阴和肥沃的砂壤土。常绿乔木，株高10~30m，株幅3~18m。花期春季，叶片条形，镰状弯曲，排成2列，表面深绿色，背面灰绿色；树冠宽柱形，枝叶浓密苍翠（图6-162）。宜配植山石旁、稀疏林边缘、入口处，若与水杉、中山杉、圆柏等高大乔木混植，组成苍润秀雅的观赏树丛。

图6-161 榕树　　　　　　图6-162 红豆杉

20. 酒瓶椰子（*Hyophorbe lagenicaulis*（L. H. Bailey）H. E. Moore）

酒瓶椰子别名匏茎亥佛棕，棕榈科酒瓶椰子属。原产马斯克林群岛，喜高温、湿润和阳光充足的环境。常绿小乔木，株高4~6m，株幅2~3m。羽状复叶，窄卵圆形，长1~2m；圆锥花序，长80cm，花绿色至米色，花期夏季。树冠优美，茎短矮圆肥似酒瓶，叶片下垂，散发出浓郁的南国风情（图6-163）。可作为主景树种，丛植为主。

21. 华盛顿葵（*Coccothrinax crinite*（Griseb. & H. Wendl. ex C. H. Wright）Becc.）

华盛顿葵别名老人葵，棕榈科丝葵属。原产美国加利福尼亚州，耐热、耐寒、耐湿、耐旱、耐瘠，抗污染，易移植。常绿乔木类观叶木本植物，主干通直，叶不易脱落，生长速度中至慢。树形高大，成长快，景观优美，可丛植于水景旁。

图6-163 酒瓶椰子

22. 金嘴蝎尾蕉（*Musella lasiocarpa.*）

金嘴蝎尾蕉别名金鸟蝎尾蕉、垂花火鸟蕉、金鸟赫蕉，蝎尾蕉科蝎尾蕉属。分布于阿根廷至秘鲁，喜温热、湿润、半阴环境。多年生常绿草本，株高约2m；叶革质，基生成二列。顶生穗状花序，下垂，排成二列，不互相覆盖，船形，基部红色，渐向尖变黄色，边缘绿色，鲜艳美观，耐久不变（图6–164）。温室景观中可作为主景树种。

23. 加拿利海枣（*Phoenix canariensis* Chabaud）

加拿利海藻别名长叶刺葵、加拿利刺葵、槟榔竹，棕榈科刺葵属。原产加那利群岛，喜光和肥沃砂壤土。常绿大乔木。圆锥花序，下垂，花碗状，米色至黄色；叶片为羽状复叶，从茎顶端抽生，呈拱形弯曲（图6–165）。树形高大，树冠优美，可充分展示南国风光，营造浓郁热带情调。可作为主景树种。

图6–164　金嘴蝎尾蕉

图6–165　加拿利海枣

24. 山茶（*Camellia japonica Linn.*）

山茶别名曼陀罗树、薮春、山椿、耐冬、晚山茶、茶花、洋茶，山茶科。喜温暖湿润气候，喜半阴、忌烈日，略耐寒。灌木或小乔木；叶互生，卵圆形至椭圆形，边缘具细锯齿；花单生或成对生于叶腋或枝顶；花径5~6cm，有白、红、淡红等色，花瓣5~7枚（图6–166）。可作为主景树种，也可丛植。

图6–166　山茶

第四节　地被植物

地被植物是指那些株丛密集、低矮，经简单管理即可用于代替草坪覆盖在地表，防止水土流失，能吸附尘土、净化空气、减弱噪音、消除污染并具有一定观赏和经济价值的植物。它不仅包括多年生低矮草本植物，还有一些适应性较强的低矮、匍匐型的灌木和藤本植物。

随着观光农业的兴起，温室景观设计日益增加，地被植物在温室景观设计中的应用越来越受到重视，成为景观组成不可缺少的部分。现代农业观光温室通常展示一些特色瓜果蔬菜品种及其现代栽培技术等，为达到不同类型观光农业特色景观的需求，配饰地被植物在整体区域布景中扮演着烘托主题和调节景观整体性的角色。如在果树展示区，为突出果树主题，在选择地被植物时不宜使用过多品种和色彩艳丽、反差较大的植物，以免地被植物过于吸引人。观光农业具有的独特功能性，使得在选择地被植物时要考虑到与主题功能相呼应，不同的主题设计选择不同风格类型的地被植物。温室的空间较小，在应用地被植物时要注意整齐性和自然性的实际结合，以免过于粗放的自然式布景造成与科技氛围不相符。

1. 假连翘（*Duranta repens* Linn.）

假连翘别名篱笆树、花墙刺、甘露花、金露花，马鞭草科假连翘属。喜温暖湿润气候，喜光，亦耐半阴、水湿，不耐干旱。常绿灌木，叶对生；花高脚碟状，蓝紫色；果圆形或近卵形，全年有果。常见品种有花叶假连翘、金边假连翘、金叶假连翘（图6-167）。

图6-167 假连翘

2. 红花檵木（*Lorpetalum chinense* var. *rubrum* Yieh.）

红花檵木别名红桎木、红檵花，金缕梅科檵木属。喜温暖、阳光，稍耐阴，但阴时叶色容易变绿，耐寒冷、干燥。绿灌木或小乔木，嫩叶及花萼均有锈色星状短柔毛；叶互生，革质，卵形，嫩枝淡红色；顶生头状或短穗状花序，花瓣4枚，淡紫红色；蒴果木质，倒卵圆形（图6-168）。

3. 龟甲冬青（*Ilex crenata* 'Convexa' Makino.）

冬青科冬青属。喜温暖湿润和阳光充足的环境，耐半阴。绿灌木，钝齿冬青的变种，多分枝，小枝有灰色细毛；叶小而密，叶面凸起，厚革质，椭圆形至长倒卵形；花白色；果球形，黑色（图6-169）。

4. 遍地黄金（*Arachis pintoi* Krapov. & W. C. Greg.）

遍地黄金别名长喙花生、巴西花生藤、金地花生，蝶形花科落花生属。耐阴，对土壤要求不严，有一定的耐旱、耐热性。茎蔓生，匍匐生长；叶互生，小叶二对，倒卵形，夜晚闭合；腋生黄色蝶形小花；荚果长桃形（图6-170）。

图 6 – 168 红花檵木

图 6 – 169 龟甲冬青

5. 六月雪 （*Serissa japonica* （Thunb.） Thunb.）

六月雪别名满天星、碎叶冬青、白马骨、素馨、悉茗，茜草科白马骨属。喜半阴，怕积水，畏烈日，抗性较强。常绿或半常绿丛生小灌木；叶对生或成簇生小枝上，全缘；花白色带红晕或淡粉紫色；小核果近球形（图 6 – 171）。

图 6 – 170 遍地黄金

图 6 – 171 六月雪

6. 红背桂花 （*Excoecaria cochinchinensis* Lour.）

红背桂别名青紫木、红背桂，大戟科海漆属。不耐干旱，不耐寒，耐半阴，忌阳光暴晒。常绿灌木，多分枝丛生；叶对生，矩圆形或倒卵状矩圆形，表面绿色，背后紫红色；花小，穗状花序腋生，花期 6～8 月（图 6 – 172）。

7. 变叶木 （*Codiaeum variegatum* （L.） Rwnph. ex A. Juss.）

变叶木别名洒金榕，大戟科变叶木属。喜高温湿润和阳光充足的环境，不耐寒。常绿灌木或小乔木；单叶互生，厚革质；叶形和叶色依品种不同而有很大差异，叶片上常具有白色、紫色、黄色、红色的斑块和纹路，全株有乳状液体；总状花序生于上部叶腋，花白色不显眼（图 6 – 173），配景点缀。

8. 栀子花 （*Gardenia jasminoides* Ellis）

栀子花别名黄栀子、山栀、白蟾，茜草科栀子属。喜温暖湿润气候，好阳光但又不能经受强烈阳光照射，典型的酸性花卉。常绿灌木，叶对生或 3 叶轮生，叶片革质，长椭圆形或倒卵状披针形，全缘；花单生于枝端或叶腋，白色，芳香（图6-174），以丛植、点缀为主，为重要的庭院观赏植物。

图6-172 红背桂花

图6-173 变叶木

9. 马缨丹（*Lantana camara* Linn.）

马缨丹别名五色梅、臭草，马鞭草科马缨丹属。喜高温、高湿，耐干热，抗寒力差。常绿灌木，单叶对生，卵形或卵状长圆形；头状花序腋生于枝梢上部，每个花序20多朵花，花冠颜色多变，黄色、橙黄色、粉红色、深红色；果为圆球形浆果，熟时紫黑色（图6-175），主要用于点缀，宜成片栽植。为入侵植物，慎用。

图6-174 栀子花

图6-175 马缨丹

10. 瑞香（*Daphne odora* Thumb.）

瑞香别名睡香、蓬莱紫、风流树、毛瑞香、千里香、山梦花，瑞香科瑞香属。喜半阴和通风环境，惧暴晒。枝细长，光滑无毛；单叶互生，长椭圆形；花簇生于枝顶端，白色，或紫或黄，具浓香（图6-176）。作为配植植物，用于点缀，宜成片栽植。

11. 金苞花（*Pachystachys lutea* Nees.）

金苞花别名黄虾花，爵床科金苞花属。喜阳光充足、高湿高温的环境。多年生常绿草本，株高30~50cm，多分枝；叶对生，椭圆形，亮绿色，有明显的叶脉；穗状花序生于枝顶（图6-177）。作为配植植物，一般点缀于山石或水系旁。

图6-176 瑞香

图6-177 金苞花

12. 麦冬（*Ophiopogon japonicus*（Linn. f.）Ker-Gawl.）

麦冬别名沿阶草、书带草，百合科沿阶草属。喜温暖、湿润气候，稍耐寒，宜稍荫蔽。多年生常绿草本植物，叶丛生于基部，狭线形；花茎常低于叶丛，稍弯垂，花淡紫色总状花序；果蓝色（图6-178）。作为配植植物，一般点缀于路边、山石或水系旁。

13. 蚌兰（*Rhoeo spathacea*（Sw.）Stearn.）

蚌兰别名紫背鸭跖草、紫背万年青，鸭拓草科紫背万年青属。喜高温多湿。株高20~30cm；叶簇生于短茎，剑形，叶背紫色，斑纹品种叶面有金黄色、紫色纵纹；叶小而密生，叶背淡紫红色，最大特色为叶簇密集，洁净整齐，不易开花（图6-179）。点缀于路边、地表、山石、水系旁。

图6-178 麦冬

图6-179 蚌兰

14. 紫叶酢浆草（*Oxalis triangularis.* 'Purpurea'）

紫叶酢浆草别名红叶酢浆草、三角酢浆草、酸浆草、野草头，酢浆草科酢浆草属。喜湿润、半阴且通风良好的环境，也耐干旱，较耐寒，全日照、半日照环境或稍阴处均可生长。多年生宿根草本，掌状复叶，小叶3枚，叶大而紫红色；花淡红色或淡紫色；果实为蒴果（图6-180）。主要丛植或点缀于主景植物下。

15. 冷水花（*Pilea notata* C. H. Wright）

冷水花别名透明草、透白草、铝叶草、白雪草、花叶荨麻，荨麻科冷水花属。喜温暖湿润的气候条件，怕阳光暴晒，能耐弱碱，较耐水湿，不耐旱。多年生常绿草本；叶对生，椭圆形；雌雄异株（图6-181）。丛植或点缀于主景植物下。

图6-180　紫叶酢浆草　　　　　图6-181　冷水花

16. 常春藤（*Hedera nepalensis* var. *sinensis*（Tobl.）Rehd.）

常春藤别名土鼓藤、钻天风、散骨风、枫荷梨藤，五加科常春藤属。耐寒，四季常绿。常绿藤本植物；枝条飘逸，攀附能力强；叶色千姿百态，深受大众的喜爱（图6-182）。一般结合山石栽植。

17. 巢蕨（*Neottopteris nidus*（Linn.）J. Sm.）

巢蕨别名鸟巢蕨、山苏花、王冠蕨，铁角蕨科巢蕨属。喜高温湿润，不耐强光。鸟巢蕨为中型附生蕨，株形呈漏斗状或鸟巢状，叶簇生，辐射状排列于根状茎顶部；孢子囊群长条形，生于叶背侧脉上半部分，达叶片的1/2（图6-183）。点缀、丛植于水系、山石旁。

图6-182　常春藤　　　　　　　图6-183　巢蕨

18. 四季海棠（*Begonia semperflorens* Willd.）

四季海棠别名秋海棠、虎耳海棠、瓜子海棠，秋海棠科秋海棠属。多年生常绿草本，茎直立，稍肉质，高25~40cm，有发达的须根；叶卵圆至广卵圆形，基部斜生，绿色或紫红色；雌雄同株异花，聚伞花序腋生，花色有红色、粉红色和白色等，单瓣或重瓣（图6-184）。一般点缀、丛植。

19. 龙船花（*Ixora chinensis* Lam.）

龙船花别名英丹、仙丹花、百日红，山丹、英丹花、水绣球、百日红，茜草科龙船花属。喜温暖、湿润和阳光充足环境。不耐寒，耐半阴，不耐水湿和强光。常绿小灌木，多分枝；叶对生，革质，倒卵形至矩圆状披针形；聚伞形花序顶生，花序具短梗，有红色分枝，花冠红色或橙红色（图6-185）。作为配景植物，一般起点缀作用。

图6-184　四季海棠

图6-185　龙船花

20. 藿香蓟（*Ageratum conyzoides* Sieber ex Steud.）

藿香蓟（图6-186）别名白花草、咸虾花、白花臭草、鱼苗草、白毛苦、胜红蓟，菊科藿香蓟属。喜温暖和阳光充足环境，不耐寒，怕高温，对土壤要求不严，以肥沃、排水良好的砂壤土为好。多年生草本，全株被毛；叶对生，叶片卵形；头状花序，小花全部为管状花，花色有淡蓝色、蓝色、粉色、白色等；瘦果。花色奇特，一般起点缀作用。

21. 美女樱（*Verbena hybrida* Voss.）

美女樱（图6-187）别名草五色梅、铺地马鞭草、铺地锦、四季绣球、美人樱，马鞭草科马鞭草属。喜阳光、不耐阴，不耐旱，较耐寒。多年生草本植物，茎四棱、横展、匍匐状，低矮粗壮，丛生而铺覆地面；叶对生有短柄，长圆形、卵圆形或披针状三角形；穗状花序顶生，多数小花密集排列呈伞房状，花色多，有白、粉红、深红、紫、蓝等不同颜色，略具芬芳；蒴果，果熟期9—10月，种子寿命2年。

图6-186　藿香蓟

图6-187　美女樱

22. 勋章菊 (*Gazania rigens* Moench)

勋章花别名非洲太阳花,菊科勋章菊属。喜温暖、湿润和阳光充足的环境。不耐寒,耐高温,怕积水。一、二年生草本,具根茎;叶由根际丛生,披针形或倒卵状披针形,全缘或有浅羽裂,叶背密被白毛;舌状花,花色有白、黄、橙红色等,有光泽(图6-188)。

23. 萱草 (*Hemerocallis fulva* (Linn.) Linn.)

萱草别名黄花菜、金针菜,百合科萱草属。性强健,耐寒,华北可露地越冬。适应性强,喜湿润也耐旱,喜阳光又耐半荫。多年生宿根草本,具短根状茎和粗壮的纺锤形肉质根;叶基生、宽线形、对排成两列,背面有龙骨突起,嫩绿色(图6-189),主要以丛植为主。

图6-188　勋章菊　　　　　　　　图6-189　萱草

24. 天竺葵 (*Pelargonium hortorum* Bailev)

天竺葵别名洋绣球、入腊红、石蜡红、日烂红、洋葵、天竺葵,牻牛儿苗科天竺葵属。喜温暖,耐瘠薄,忌高温、高湿,夏季高温期进入半休眠状态,花期忌阳光直射。多年生草本植物,全株密被细白毛,具特殊气味;茎肉质,老茎木质化,多分枝,茎多叶;叶互生,圆形至肾形,基部心形,叶缘具波状浅裂,表面有较明显暗红色马蹄形环纹;顶生伞形花序(图6-190)。主要点缀于草坪上,或片植。

25. 银叶菊 (*Senecio cineraria* DC.)

细裂银叶菊别名白妙菊、雪叶菊、银白叶菊、白布菊,菊科千里光属。喜温暖和阳光,不耐高温,稍耐寒和半荫。多年生草本,叶匙形或羽状裂叶,全株密覆白色绒毛,有白雪皑皑之态;叶片质地较薄,缺裂如雪花图案,具较长的白色绒毛;花色紫红色(图6-191)。可用于组成花境、点缀。

26. 新几内亚凤仙 (*Impatiens hawkeri* W. Bull)

新几内亚凤仙别名五彩凤仙花,凤仙花科凤仙花属。喜炎热,要求充足阳光及深厚、肥沃、排水良好的土壤。多年生常绿草本,茎肉质,分枝多;叶互生,有时上部轮生状,叶片卵状披针形,叶脉红色;花单生或数朵成伞房花序，花柄长，花瓣桃红色、粉红色、橙红色、紫红白色等（图6－192）。可组成花境，或丛植点缀。

图6－190　天竺葵

图6－191　银叶菊

27. 非洲凤仙（*Impatiens walleriana* Hook. f.）

非洲凤仙别名沃勒凤仙，凤仙花科凤仙花属。喜温暖湿润和阳光充足环境。不耐高温和烈日暴晒。多年生草本，茎多汁，光滑，节间膨大，多分枝，在株顶呈平面开展；叶有长柄，叶卵形，边缘钝锯齿状；花腋生，1～3朵，花形扁平，花色丰富，四季开花（图6－193）。可组成花境，或丛植点缀。

图6－192　新几内亚凤仙

图6－193　非洲凤仙

28. 彩叶草（*Coleus scutellarioides*（L.）R. Br.）

彩叶草别名老来少、五色草、锦紫苏、洋紫苏，唇形科鞘蕊花属。喜温暖、湿润，喜阳光充足，但忌烈日暴晒。多年生草本植物，单叶对生，卵圆形，先端长渐尖，缘具钝齿牙，叶面绿色，有淡黄、桃红、朱红、紫等色彩鲜艳的斑纹；顶生总状花序、花小、浅蓝色或浅紫色；小坚果平滑有光泽（图6－194）。可组成花境，或丛植点缀。

图6－194　彩叶草

第五节　配饰藤本植物

藤本植物的植物体细长，不能直立，只能依附别的植物或支持物，缠绕或攀援向上生长。藤本依茎质地的不同，又可分为木质藤本（如葡萄、紫藤等）与草质藤本（如牵牛花、长豇豆等）。

藤本植物是观光温室不可或缺的植物，有两个主要的功能，一是起到主题表现作用，如丝瓜、蛇瓜、苦瓜、葫芦、西甜瓜、南瓜、豆角、空中番薯、西番莲、锦屏藤、飘香藤等的栽培体现；二是植物配饰需求。观光农业温室空间小，存在温室结构支柱、设备等，使得在景点设置、景观营造上需要借助藤本植物来遮盖硬质材料，增加空间层次感等。如廊架、假山、温室立柱等的修饰宜选择绿植类，以减少养护难度，增加温室景观效果。

1. 炮仗花（*Pyrostegia venusta*（Ker – Gawl.）Miers.）

炮仗花别名炮仗红、炮仗藤、黄金珊瑚，紫葳科炮仗藤属。喜向阳环境和肥沃、湿润、酸性土壤，生长迅速。常绿大藤本植物；小叶2~3枚，卵状至卵状矩圆形；花橙红色，花列成串，累累下垂（图6-195）。可作为垂吊主景树种。

2. 西番莲（*Passiflora edulis* Sims）

西番莲别名鸡蛋果、百里果、洋石榴、紫果西番莲，西番莲科西番莲属。喜高温湿润的气候，喜光，不耐寒。多年生常绿攀缘木质藤本，有卷须，单叶互生，具叶柄；聚伞花序；蒴果，室背开裂或为肉质浆果（图6-196）。适宜与廊架结合造景。

图6-195　炮仗花　　　　　　　　　图6-196　西番莲

3. 文竹（*Aaparagus setaceus*（Kunth）Jessop）

文竹别名云片松、刺天冬、云竹，百合科天门冬属。喜温暖湿润和半阴环境，不耐严寒、干旱，忌阳光直射。多年生常绿藤本观叶植物，根部稍肉质；茎柔软丛生，伸长的茎呈攀援状；平常见到的绿色的叶其实不是真正的叶，而是叶状枝，真正的叶退化成鳞片状，淡褐色，着生于叶状枝的基部；花小，两性，白绿色

（图6－197）。可结合山石配植。

4. 飘香藤（*Mandevilla sanderi*（Hemsl.）Woodson）

飘香藤别名双喜藤、文藤，夹竹桃科双腺藤属。喜温暖湿润及阳光充足的环境。多年生常绿藤本植物，叶对生，全缘，长卵圆形，先端急尖，革质，叶面有皱褶，叶色浓绿并富有光泽；花腋生，花冠漏斗形，花为红色、桃红色、粉红色等（图6－198）。常作为主景树种。

图6－197　文竹

5. 龙吐珠（*Clerodendrum thomsonae* Balf. f.）

龙吐珠别名珍珠宝莲，马鞭草科赪桐属植物。喜温暖、湿润和阳光充足的环境，不耐寒。攀援灌木，茎四方柱，老茎圆柱形；叶狭卵形，对生；花疏散成簇，顶生或腋生，花萼白色，后转粉红色，成五角形，顶端渐窄，花瓣红色，雄蕊长，突出于花冠外（图6－199）。可结合竹廊、山石栽植。

图6－198　飘香藤

图6－199　龙吐珠

6. 锦屏藤（*Cissus sicyoides* 'Ovata'.）

锦屏藤别名蔓地榕、珠帘藤、一帘幽梦、金丝垂帘、珠帘藤、面线藤，葡萄科白粉藤属。习性强健，在空气湿润的环境中，气生根会自动吸收空气中的水分，不必浇水也能正常生长。枝条纤细，具卷须；叶互生，长心形，叶缘有锯齿；花淡绿白色（图6－200）。用于竹廊，可作为主景。

7. 使君子（*Quisqualis indica* Linn.）

使君子别名留求子、史君子、五棱子、索子果、冬君子、病疳子，使君子科。喜阳光，喜温暖湿润气候，畏风寒、霜冻，对土壤要求不严。常绿灌木；叶对生，薄纸质，矩圆形、椭圆形至卵形；穗状花序顶生、下垂，有花10余朵，花两性，花瓣5枚，开时由白变红；果有5棱，熟时黑色，种子1颗（图6－201）。

图 6 – 200　锦屏藤

图 6 – 201　使君子

8. 软枝黄蝉（*Allamanda cathartica* L.）

软枝黄蝉别名黄莺，夹竹桃科黄蝉属。喜高温多湿，栽培土质选择性不严，但以富含腐殖质的壤土或砂质壤土最佳。常绿蔓性藤本，叶 3 ~ 4 片轮生，倒卵状披针形或长椭圆形；花腋生，聚散花序，花冠漏斗型五裂，裂片卵圆形，金黄色；冠筒细长，喉部橙褐色（图 6 – 202）。用于竹廊，可作为主景。

9. 珊瑚藤（*Antigonon leptopus* Hook. et Arn）

珊瑚藤别名紫苞藤、朝日蔓、旭日藤，蓼科珊瑚藤属。喜高温，栽培土质以肥沃壤土或腐殖质壤土为佳。半落叶性藤本植物，地下根为块状，茎先端呈卷须状；单叶互生，呈卵状心形，叶端锐，基部为心形；叶全缘，但略有波浪状起伏；叶纸质，具叶鞘；果褐色，呈三菱形，藏于宿存的萼片中（图 6 – 203）。用于竹廊，可作为主景。

图 6 – 202　软枝黄蝉

图 6 – 203　珊瑚藤

10. 青蛙藤（*Dischidia pectinoides*）

青蛙藤别名爱元果、玉荷包、囊元果，萝摩科眼树藤属。忌阳光直射，需水不多，土壤要求通透性好，切忌土壤黏重。多年生小型草质藤本；叶对生，肉质，椭圆形或卵形，先端尖，全缘，枝条上常着生变态叶，中空，似蚌壳；花簇生于叶腋，红色；花后结小果（图 6 – 204）。

图 6 – 204　青蛙藤

第六节 观光温室植物的养护管理

农业观光温室的日常养护管理是非常重要的一个环节，植物的长势好坏，园区的干净与否、干湿度，游客进园后的舒适程度等都体现在园区的日常管理中。温室是种养植物的主要场所，也是体现农业高科技的载体，所以温室的管理至关重要。

一、环境调控

植物的生长离不开温度、光照和水分，要在有限的温室空间内让植物达到温度、光照和水分的平衡，让它们健康生长，开发植物自身最大的潜力，达到理想的产量和观光价值。

（一）温度调控

温度是植物生长的必要条件，园区中种植着多种植物，首先就要了解这些植物对于温度的需求，然后按照植物的这一需求，对植物的温度范围进行科学的温度段划分。然后把温室温度调到适宜绝大多数植物需求的温度范围内，让这一温度范围的时间最长，给植物充分适宜的生长温度和光合作用温度。如瓜类的最适宜生长温度在 25～32℃，那么在进行瓜类观赏园管理时，就要让这段温度维持的时间最长，温度低了要及时关闭天窗，关闭风机，覆盖保温设施，让园内的温度快速达到这个温度范围；温度高了则要打开天窗，如果温度还在上升那就要考虑关闭天窗，打开湿帘和风机进行物理降温，再高就要打开外遮阳，开动循环风机。总之要让温度控制在植物生长最适宜的范围之内。

（二）湿度管理

园中的湿度主要来源于两个方面，一个是温室中的灌溉，另一个是湿帘的物理降温。湿度管理的方法与温度的管理方法相类似，原则就是让植物的生长处于最适宜的湿度条件下。由于湿度是植物病害发生的必要条件，所以在温室的管理中对于湿度的要求一般偏下，即湿度要求的下限。如植物生长发育要求的湿度是 50%～60%，那么温室的湿度就是 50% 甚至更低。在园中对所有植物进行灌溉后，要提高温度，关闭天窗，打开风机，不开湿帘进行抽湿处理，直到园内的湿度降下。在日常情况下，如果用天窗和风机降温就能把温度降下来，那就不要开湿帘降温。总之，在不影响植物生长的条件下，除南方果树外，室内的湿度越小越好。

（三）光照管理

在园中光照的管理体现在两个方面，一个是植物本身的需要，另一个方面主要体现在要配合温度和湿度的管理。光照强烈，室内的温度就会升高，光合作用加强，植物的蒸腾系数增大，当温度上升到一定程度时，光合作用减弱，那么就要考虑加盖遮阳网和进行物理降温。原则上要求让喜光植物能更多地见光，让弱光的植物尽可能地少见光，找到合适的平衡点。

总体上讲，温度、湿度和光照三者是相辅相成、互相联系的，调节任何一个要素，另外两个要素都要改变。园区中的环境是千变万化的，要从实际出发，根据园区内的植物需求，合理调节三者之间的关系，使植物生长得更健壮、更茂盛、更具有观赏性。

二、灌溉施肥

根据现代农业观光园的发展要求，观光园展示农作物的同时也展示现代先进的生产灌溉技术等。观光园的灌溉具有多样性，通常集合所有先进的节水高效灌溉模式和现代无土水培技术中的水培池、营养液管道、雾喷等，通过和作物的生长情况结合起来，达到和环境相辉映的美化效果。滴灌和喷灌在现代农业生态观光园中应用最为广泛，也是现代先进的灌溉技术，具有很高的科技含量。其设备投入成本相对较高，对水质等要求严格，具有节水、节能、节肥、省工、增产、改善果实品质等优点，在全国范围内具有很好的推广和示范作用。在节水性能上滴灌和地下灌溉方式节水效果较好，喷灌次之，而地面漫灌最浪费水和人工，喷灌则介于微喷和地面漫灌之间。

（一）滴灌技术

滴灌技术是通过干管、支管和毛管上的滴头，在低压下向土壤缓慢地滴水，是直接向土壤供应已过滤的水分、肥料或其他化学剂的灌溉系统。滴灌在观光园中显示出独特的魅力，在人工造景的蔬菜树、蔬菜墙和垂吊植物的灌溉上应用独特，在满足植物生长需要的同时又不影响观赏效果。滴灌可保持灌溉点以外的地方干净、干燥、清洁，可以根据实际情况进行限时、限量、限地的灌溉，具有其他灌溉方式不可比拟的优势。滴灌系统可分为固定式滴灌系统和移动式滴灌系统，其中固定式滴灌系统应用较为广泛。

（二）喷灌技术

喷灌是把由水泵加压或自然落差形成的有压水通过压力管道送到植物栽培区，再经喷头喷射到空中，形成细小水滴，均匀地洒落在地表，从而达到灌溉的目的。喷灌明显的优点是灌水均匀，少占耕地，节省人力，对地形的适应性强，但是受风影响大，设备投资高。在观光园中常配合滴灌应用，增加观赏价值，室内主要用于主景区、人工假山、花卉观赏、蔬菜墙等，室外主要用于低矮形植物观赏区或特殊造景。通过喷灌，清洗叶片，增加空气湿度，调节温度，同时给人以"细雨如烟"、"空山新雨后"、"沾衣欲湿杏花雨"、"天街小雨润如酥"等美好的景象。

喷灌对地形、土壤等条件适应性强，最大优点是使灌溉从传统的人工作业变成半机械化、机械化，甚至自动化作业，加快了农业现代化的进程。在观光园中应用，展示农业灌溉的进步历程，同时在特定的条件下弥补滴灌在观光园中难以达到的效果，具有很重要的意义。使用时根据环境选择合适的喷灌方式和喷灌机器，或结合多种使用方式。

滴灌和喷灌形式的施肥方法，实现了水肥一体化，将肥料加入施肥灌中，在压力下随水冲施，大大减少了施肥的工作强度和人工的使用，达到事半功倍的效果。根据作物生长状况、生长时期，施用不同浓度的肥料，有效调节了植物生长，改善了植物品质。

（三）水培植物灌溉

随着现代农业的发展，由原来的土壤栽培到无土栽培，灌溉的形式和方法也发生了重要的变化。水培植物是不使用任何基质，直接将植物用支架等固定，使其根部直接浸在含有营养液的水中进行栽培的方法。水培的形式有营养液池栽培、营养液管道、喷雾等，所以水培植物的灌溉直接通过营养液的形式进行。

水培植物的介质是水，所用的肥料完全是矿质的无机营养，而且是由多种大量元素和微量元素配制而成的。水中所含的营养物质远远不能满足植物的正常需要，因此，对于水培花卉的及时合理供肥是一项十分重要的管理措施。

水培植物通常利用水池、管道等容器，其施肥技术与其他栽培有所不同。因为土壤栽培的基质为土，而土壤颗粒的表面可以吸附一部分养分，所以对施肥的浓度起到一定的缓冲作用。水培花卉和蔬菜对施肥量及施肥种类有严格控制，所追施的营养液中各种营养元素全部溶解在水中，只要稍微超过植物对肥料浓度的忍耐程度，就会产生危害。因此，在施用营养液时，应注意尽量选用水培植物专用肥，并严格按照规定使用，严防施用过多导致浓度过大而造成肥害。

在施肥数量和施肥时间上，主要掌握少施勤施的原则，并根据换水的次数合理施肥。一般每换一次水都要加一次营养肥，以补充换水时造成的肥料流失。

水培植物还要根据不同的植物种类和不同的生长时期合理施肥。不同的植物种类和不同的生长时间对肥料的适应能力不一样，一般规律是，根系纤细的植物，如彩叶草、秋海棠等花卉的耐肥性稍差，不需要大量的肥料和较大的浓度，所以对其施肥时就应掌握淡、少、稀的原则；而合果芋、红宝石、喜林芋等花卉植物则比较耐肥，可掌握少施、勤施的原则。另外，观叶的花卉植物，其施肥应以氮肥为主，辅助以磷肥、钾肥，以保证叶子肥厚、叶面光滑、叶色纯正，但必须注意对叶面具有彩色条纹或斑块的花卉种类，要适当地少施些氮肥，因氮肥过多会使叶面色彩变淡，甚至消失，应适当地增施磷肥和钾肥。对于观花类的花卉植物，一定掌握在花芽分化及花芽发育阶段，以磷肥和钾肥为主，适当辅以氮肥，以免造成植株徒长，避免营养生长过剩而影响生殖生长，造成花朵小、花朵少、花色淡，甚至不开花的不良后果。

不同季节和气温合理施肥。一般在夏季高温时，植物对肥料浓度的适应性降低，所以此时应降低施肥的浓度。特别是一些害怕炎热酷暑的植物，在高温季节即进入休眠状态，植物体内的生理活动较慢，生长也处于半停止和停止状态，对于此类植物，此时应停止施肥，以免造成肥害。

根据生长状况施肥。观光温室内的光照条件相对较差，在长期缺少光照，或在光照过弱的情况下，植株比较瘦弱，因此对肥料浓度的适应性也会降低。所以，对于在光照条件较差环境中生长不良，或由其他原因造成生长不良的植株，应该停止施肥，或少施肥，并尽量降低施肥的浓度。

施肥时应注意刚刚水培的植物，因其尚未适应水中的环境，常常会出现叶色变黄或个别烂根现象，不能急于施肥，待适应了环境或长出新的水生根后再施肥。不能在水中直接施入尿素，因为尿素是一种人工无机合成的有机肥料，水培是无菌或少菌状态下的栽培，如果直接施用尿素，不但植物不能吸收营养，而且还会使一些有害的细菌或微生物很快繁殖而引起水的污染，并对植物产生氨气侵害而造成植物中毒。在发现施肥过浓造成植物的根系腐烂，并导致水质变劣而污染发臭时，应迅速剪除烂根，并及时换水和洗根。

三、病虫害防治

合理对病虫害进行防治，要遵循"预防为主，综合治理"的原则，针对不同的病害使用正确的防治方法。病虫害防治方法有很多，如农业防治、物理防治、生态防治、生物防治和化学防治等。

（一）农业防治

农业防治就是利用农业生产中的各种技术，对作物生态系统加以调整，创造有利于作物生长、不利于病虫害繁殖的条件，从而减轻病虫危害。

（1）选用抗病品种　品种不同，其抗病能力、品质及产量和效益是不同的。由于抗性品种的表现因地而异，应用时需对抗性和丰产性能综合评价，因地制宜选用优质高产、抗（耐）病虫品种。

（2）培育无病虫壮苗　根据当地气象条件和品种特性，选择适宜的播期，采用温室育苗、营养钵育苗，移栽前进行炼苗，增强抗病力。

（3）合理安排作物布局　作物的合理布局可改善生态条件，减轻病虫害的发生。

（4）调整播期 在不影响作物生长的前提下，调整播种期可以使作物的发病盛期与病虫侵染的高发期错开，达到避开病虫危害的目的。

（5）加强栽培管理 建立合理的种植制度，合理密植。

（6）中耕除草，清洁田园 及时间苗，中耕除草，清除残株败叶，创建整洁的环境。

（7）合理施肥，及时施用微肥，提高植物抗性 在增施有机肥的基础上，再按各种植物对氮、磷、钾元素养分需求的适宜比例施用化肥。

（二）生态防治

根据病虫、植物对生态条件的不同要求，制定生态控制指标，使之对植物生长有利，对病虫生长和侵入不利，减轻或延缓病虫危害。夏天高温杀灭病虫，即在播种或定植前，通过翻耕灌水及覆膜高温杀灭病菌和虫卵，可起到良好防治效果。

（三）物理防治

物理防治指利用物理原理创造不利于病虫发生但却有利于或无碍于作物生长的生态条件的防治方法。它可通过病虫对温度、湿度或光谱、颜色、声音等的反应能力，用调控办法来控制病害发生，杀死、驱避或隔离害虫。

物理防治与化学防治相比具有环境污染小、无残留、不产生抗性等特点，顺应了有机农业生产的需求，因而采用物理方法防治农作物病虫害是一种较理想的方法。在温室作物病虫害防治上采用的物理防治方法如下。

（1）种子处理 通过晒种、温汤浸种、盐水浸种对种子进行处理，杀死种子表面的部分病菌。

（2）设置防护设施 一般可采用地表覆盖塑料薄膜、设置遮阳网和防虫网，同时可以在温室的通风口设置纱网以防止外界害虫的迁入危害。

（3）土壤消毒 利用蒸气消毒、高温闷棚和使用土壤消毒剂等方法对土壤进行消毒处理。

（4）高温闷棚 在生长期间如果发现病害，可利用高温闷棚的办法来防治霜霉病、白粉病、角斑病、黑星病等多种病害。

（5）人工清除病株和病叶 当田间出现病株、病叶时，应立即拔除或摘除。定时清除温室内杂物、落叶落果。

（6）诱杀和驱避害虫 利用害虫对光和某些物质的敏感情况，对害虫进行控制和杀灭。主要的诱杀方法有灯光诱杀、光波诱杀、食饵诱杀、潜伏诱杀、色板诱杀、激素诱杀等。

（7）人工捕杀 当害虫个体较大、群体较小、发生面积不大、劳力允许时，进行人工捕杀效果较好。

（8）农业改土　在植株发病期间，更换发病植株的土壤或去除表层土，可以延缓发病情况，并能减轻重金属污染。发生重金属毒害的作物可以采用这种方法。

（9）微波电场法　微波能在介质内部产生高温，破坏害虫的体内细胞，从而达到杀虫的目的。

（10）喷洒无毒保护剂和保健剂　叶面喷洒无毒保护剂，可使叶面形成高分子毒脂膜；叶面喷施植物健生素，可增加植株抗病害的能力，且无腐蚀、无污染，安全方便。

（11）臭氧防治　利用臭氧发生器防治病虫害。臭氧是一种强氧化剂，具有很强的杀菌作用，而且臭氧的杀菌作用是急速的，当其达到一定阈值时可以瞬间完成杀菌。臭氧同时还可以通过氧化破坏昆虫的呼吸和循环系统，使昆虫窒息而亡。

（四）生物防治

生物防治是以有益生物及其代谢产物控制有害生物种群数量的方法，主要包括以菌治虫、以菌治病和以虫治虫三项内容。生物防治不仅可以改变生物种群组成成分，而且可以直接消灭病虫害，对人、畜、植物也比较安全，不伤害天敌，不污染环境，不会引起害虫的再猖獗和抗性的产生，对一些病虫害有长期的控制作用。但是，生物防治也存在着一定局限性，不能完全代替其他防治方法，必须与其他防治方法结合使用。

（五）化学防治

化学防治是利用化学农药防治病虫害，这是生产中的重要防治手段，特别是病害流行、虫害暴发时，更是有效的防治措施，也是综合防治的有机组成部分。

农药的使用方法：

（1）喷雾　根据病虫害发生的种类和程度，选择适宜的药剂，按照一定的比例，配制成水溶液，利用喷雾机具将药液以雾状的形式均匀喷射到植物上。喷雾是施用药剂最简单的方法。

（2）拌种　播种前将药粉或药液与种子均匀混合的方法称为拌种。拌种主要用于防治地下害虫和由种子传播的病虫害。拌种必须混合均匀，以免影响种子发芽。

（3）毒饵　将药剂拌入害虫喜食的饵料中，利用农药的胃毒作用防治害虫，常用于防治地下害虫、鼠类等。毒饵的饵料可选用秕谷、麦麸、米糠等害虫喜食的食物。

（4）熏蒸　利用药剂的挥发性气体通过熏蒸作用杀死害虫或病原菌，如利用敌敌畏防治大豆食心虫等。常用于仓库、育苗棚。

此外，还有毒土、灌根、涂抹、泼浇等化学方法防治病虫害。

（六）病虫害的综合治理

为了最大限度地减小有害生物对环境产生的不利影响，提出了"有害生物综合治理"，简称 IPM 的防治策略。IPM 是英文 Integrated Pest Management 的缩写。它从农业生态系统总体出发，根据有害生物和环境之间的相互关系，充分发挥自然控制因素的作用，因地制宜，协调应用必要的措施，将有害生物控制在经济受害允许水平之下，以获得最佳的经济、生态、社会效益。这里所谓的"有害生物"，包括对农作物生产造成损失的所有病菌（含病毒、线虫类）、害虫（含软体动物类）、杂草、鸟类、鼠类等各种生物因子，广义上也包括引起非侵染性病害的各种非生物因子，如有毒气体、土壤毒素、冷害等环境因子。

四、常用植物温室管护

1. 南方果树北植技术

南方果树是热带果树，不耐低温，分布区大多年平均温度 20℃左右，要求高温高湿，生长温度为 15.5～35℃；要求富含有机质的微酸性土壤，且排水良好。南果北种技术即利用现代温室技术使一些南方水果在北方实现开花结果，让北方市民在自家门前欣赏到南方果树的生长过程，亲手采摘到新鲜的南方水果。适合南果北种的水果一般有香蕉、木瓜、火龙果、番石榴、杨桃、莲雾等。以下就以香蕉为例介绍南果北种的栽培技术。

（1）温度　香蕉怕低温，忌霜冻。生长受抑制的临界温度为 10℃，降至 5℃时叶片受冷害变黄，最适宜为 24～32℃。

（2）土壤　香蕉根群细嫩，对土壤的选择较严。以土层深厚、有机质含量较丰富的砂壤质壤土为好，土壤 pH 4.5～7.5 都适宜，但以 pH 6.0 最适宜，因 pH 5.5 以下土壤中镰刀菌繁殖迅速，容易导致粉蕉和香蕉枯萎病。

（3）定植　将定植苗放入定植穴中，覆土深度至原来营养土的位置，不宜过深或过浅。定植后淋足定根水。定植宜选在阴雨天或晴天下午进行。

（4）肥水管理　定植 15d 后开始施肥，开始时是薄肥勤施，所用肥养分配比要均衡，因为温室内的光照要比自然生长状态下的弱，而且光照时间也相对较短。随着季节和植株形态的改变，在春夏季节和生长旺盛时期要施更多的养分和水分来满足其生长需要。

（5）植株管理　香蕉定植后 3～4 个月起，有较多吸芽萌发，应及时挖除，待抽蕾或收获后才选留下茬芽苗。在管理中要及时清除老、枯、病叶，以免引起病虫害。香蕉吐蕾后，果实逐渐膨大，要保持湿润。花蕾的延伸生长会消耗养分，应在开两梳不结实的中性花后断蕾，且宜在晴天或下午进行。

若挂果时保持的青叶少，应适当疏除部分果实，这样处理可提高香蕉的等级。在抽蕾前后，必须注意用硝酸钾75g进行叶面喷施，以保证足够的营养供应果实生长。

香蕉结果后，为了保持温室观赏的延续性，可以保留香蕉吸芽，以促成下一代香蕉的生长。

2. 温室花卉

花卉主题观光温室是通过温室设施，尽量满足花卉生长的需要条件，让人们能够一年四季都欣赏到令人心情愉悦、赏心悦目的满目景秀。不仅是北方的，还有南方的；不仅是陆生的，还有水生的，把众多具有较高观赏性的花卉呈现在游客面前。目前现代温室里一些南方高档花卉花期很长，比如蝴蝶兰、红掌、观赏凤梨有3~6个月的观赏期，花朵颜色多姿鲜艳，形态奇特，有很高的观赏价值。

花卉品种不同，习性各异，有假鳞茎需要冷藏的，如郁金香、水仙等；有长日照条件下开花的，如唐菖蒲、百合等；有短日照条件下开花的，如秋菊、丽格海棠、圣诞红等；有需在低温进行春化的，如蝴蝶兰、观赏凤梨等。由于温室内植物品种是多样的，在植物定植后，不能从单一的植物管护来调节整体环境，所以一般选择经过开花处理或已达到观赏期的植物，这样才能在温室内形成理想而优美的环境。以下就以蝴蝶兰为例介绍温室花卉的养护管理。

（1）育苗　蝴蝶兰种苗有实生苗和分生苗之分。因为蝴蝶兰种子没有胚乳，所以只能通过无菌条件下人为提供种子萌芽后需要的能量条件，使其成长为一株健壮的实生苗植株。分生苗是通过对蝴蝶兰花梗的组织培养来实现的。

（2）出瓶　选用特级水草做基质，水草的水分以用手握紧，手指间有水渗出而不形成水流为好。出瓶用的托盘、镊子要用5%的漂白水进行消毒。出瓶后的瓶苗用水草包住根部放入5cm×5cm透明软盆（因为其根部可进行光合作用）内，处于23~28℃，保持80%以上的空气湿度，黑网遮盖使光照强度在4000~6000lx，出瓶当天喷多菌灵800倍液杀菌。一周之内尽量少浇水，当有新根尖长出后施薄肥，一个月后可进行正常管理。

（3）中苗管理　小苗生长3~4个月后，叶尖距达到12~15cm，有3条新根长出时可以换到8cm×8cm透明软盆里。光照强度可以提高到10000~15000lx，肥料EC1.0~1.2，见干见湿施肥，正常情况下一般一周一次，肥水温度和室内温度相差3℃之内，温度最好不低于24℃，最适宜温度是26~28℃。

（4）大苗管理　中苗生长3个月后，叶尖距达到18~20cm，有3条以上新根长出时可以换到 12cm × 12cm 透明软盆里。光照强度可以提高到 20000 ~ 30000lx，施用平衡肥 EC1.2 ~ 1.5，温度不低于 24℃，维持室温 26 ~ 28℃。养护 6 个月后，当植株有 6 片成熟叶片，假鳞茎粗壮时，说明达到催花成熟株标准。

（5）催花管理　提前 4 个半月浇 N：P：K 比例为 9：45：15 的催花肥，夜温尽量保证在 18 ~ 20℃，白天温度在 25 ~ 26℃，促使花芽分化。当花梗高度大概有 5cm 的时候，改用浇 N：P：K 比例为 10：30：20 的肥料和平均肥交替施用，光照强度保持在 20000 ~ 30000lx。

（6）注意事项　要每日巡园，挑出病株，摘掉黄叶，查看病虫害的发生情况。每个月要进行一次喷杀菌剂病害预防。进行虫害防治时千万不要把农药喷到花苞上，温度不能大起大落，介质不能过干，谨防花朵凋谢。在蝴蝶兰成长过程中，肥料、光照、温度、湿度等因素是养护成功的关键，切不可出现给肥过多或过少、光照过强或过弱、温度过高或过低的情况。

3. 瓜类

瓜类是观赏园艺中不可缺少的植物，因为瓜类的种类繁多，形态各异，同时具有生产性和观赏性的双重特征，特别是观赏南瓜类在观赏园艺中应用得更多，北京市通州区的南瓜观光园就是全部用南瓜作为参观旅游主题的。在园区中，利用瓜类的多样性和特异性，为园区增加新的亮点。最近在园区中应用的瓜类品种主要有：观赏南瓜类（包括龙凤瓢、麦克风、马克思大南瓜、金童、玉女、疙瘩、日本橘瓜等）、食用南瓜类（包括京红栗、京绿栗、东升等），此外还有蛇瓜、老鼠瓜、瓠子瓜、特长丝瓜等。还有以生产观光为主的各种小西瓜、各种甜瓜。瓜类在旅游园区中的作用是让游客观看各类瓜的果实，近距离体验硕果累累的景象，给人以丰收的喜悦心情。同时在园区中利用现代园艺手段对各种瓜类进行造型造景，让游人体验现代科学技术发展对园艺和现代农业的影响。以下就以观赏南瓜类中的麦克风南瓜为例，介绍南瓜的种植及养护和在观赏园艺中的造型应用。

（1）育苗　首先是育苗时间的确定，育苗的时间是根据植物的生长和人为需求来确定的。观赏南瓜的生长期是 90d 左右，此时具有较佳的观赏价值，如果园区"五一"开园，那么观赏南瓜苗的时间就要提前 90d，即 2 月初。育苗的时间还受季节的影响，如果冬天要提早几天，夏天则可以错后几天，所以要因地、因时而定，不可生搬硬套。育苗时，可选用营养钵或 50 孔穴盘，育苗数量要考虑出苗率以及在生长期的损失率，一般比实际用苗量多 10% ~ 20%。播种前要进行温汤浸种，浸种时水量一般是种子体积的 5 倍。做法是取 50 ~ 55℃ 的热水，边搅拌边加入种子，沿一个方向不停搅拌。当温度降到 30℃ 以下时停止搅拌，浸泡 6 ~ 8h 捞出，放入催芽室或是用湿毛巾包裹好放在 20 ~ 22℃ 的恒温条件下催芽。在催芽期间，每隔 10 ~ 12h 要用温水投洗一下种子，目的是洗去种子表皮的黏着物，增加种子的呼吸，使发芽整齐，防止腐烂。一般情况下有 30% 的种子露白时即可播种，播种时一定注意要让种子的芽尖朝下，平行放置。播好后上面盖上厚度 3 ~ 5cm 的蛭石。然后摆放整齐，加盖小拱棚，上面覆盖薄膜。

（2）播种后管理　播种后，白天温度保持在 25 ~ 30℃，夜间 18℃。当 60% 的种子拱土时，撤去地膜，白天温度降至 20 ~ 25℃，夜间 12 ~ 15℃，以防幼苗徒长。待心叶长至 2cm 时，白天温度保持在 25 ~ 28℃，夜间 15℃ 左右。育苗期间每 5d 喷一次清水。幼苗 4 叶 1 心时定植。

（3）定植后的管理　根据具体的园艺要求分为普通架势和造型园艺。

（4）插架或吊蔓　当主蔓长至 40cm 左右时即可绑蔓。

（5）整枝打杈　进行日光温室冬春栽培时，因生长前期光照差，温度低，植株生长势弱，通常坐第 1 瓜时，无须整枝打杈。对于生长势强的植株，可让其基部侧蔓爬地生长，长至 30 ~ 40cm 即可摘心。对主蔓中部侧枝，坐瓜节以下的侧枝可打杈。待坐第 2 瓜，枝叶密蔽，严重影响光合作用时，再行整枝打杈。

（6）温度管理　温度管理方面，生长前期（指从定植到第 1 果坐牢），白天温度以 25℃ 为宜，夜间以 16 ~ 18℃ 为宜；到了生长中后期（指坐果至成熟），白天温度 27℃，夜间 17℃，加速果实生长发育，以利早熟高产。

（7）肥水管理　幼苗定植缓苗后，浇 1 次缓苗水，在开花授粉前，通常不再浇水。待根瓜坐住有拇指大时，开始浇水追肥，一般每次施用的肥料是每穴 50g 左右，分 2 次施入，以水带肥，加速瓜的膨大。根外追肥投入少，效益高，可在南瓜坐瓜后用 0.3% 磷酸二氢钾喷洒叶面，每隔 5 ~ 7d 喷 1 次，连续喷 3 ~ 4 次。

（8）施放二氧化碳气肥　立架栽培南瓜因为种植密度大，光合作用强，二氧化碳的供应相对不足，单靠通风解决不了光合作用对二氧化碳的需求，因此观光温室内也可追施二氧化碳气肥，施放时间在雌花开放后，晴天上午 9:00 ~ 10:00 施放。

（9）人工辅助授粉及护瓜　授粉温度白天以 25℃ 为宜，不得超过 28℃，以免高温徒长引起化瓜。授粉时间以上午 9:00 以前为佳。授粉时将雄花花粉在雌花柱头上抹匀，授粉量要大，以 1 朵雄花授 2 ~ 3 朵雌花为宜。如遇阴雨天不易坐瓜时，可用坐瓜灵帮助坐瓜。当瓜长大后需及时护瓜，为防止瓜沉下滑，可用塑料绳拴牢瓜柄吊起，或用网袋套住，也可用草圈、硬纸板等物托住。

4. 茄果类蔬菜

茄果类蔬菜通常指茄子、辣椒、番茄。这些是人们常见的蔬菜，利用特殊的栽培技术和特殊的变异品种来形成景观，不但具有观赏价值，而且还有食用价值，具有广阔的种植面积和消费市场。因此，茄果类蔬菜是农业观光园中的常见蔬菜品种。

（1）番茄育苗及养护 按番茄主茎生长的特性可分为两大类：有限生长型和无限生长型。有限生长型自主茎生长6~8片叶后，开始生第一花序，以后每隔1~2片叶再生一个花序，主茎着生2~4个花序后，顶芽变为花芽，主茎不再生长，出现封顶现象。此类植株相对矮小，所以也称小架番茄或矮秧番茄。无限生长型自主茎生长9~12片叶后，开始着生第一花序，以后每隔2~3片叶再着生一个花序，只要温度和水肥等条件得到满足，主茎不断伸长，花序也不断出现。

①浸种催芽：浸种使用55℃的温水，水量是种子的5倍左右。边搅拌边加入番茄种子，当水温降至30℃时停止搅拌。浸种30min左右，然后捞出，均匀分散在器皿上，包裹好，放入恒温培养箱中，在30℃条件下催芽。每天用温水清洗一遍种子，直到出芽。大部分种子露白后即可播种。

②播种：采用72孔或128孔穴盘，温度控制在20~30℃，到出芽。大部分种子破土后，通风。

③出苗：苗出齐后，温度要适当降低。白天温度控制在25℃左右，夜晚温度控制在15℃以上。苗不干不浇，干后浇透。幼苗展开两片真叶后补充肥料。开始用0.1%的宝力丰，随着苗生长量的增大，肥料的浓度不断增加。2片真叶展开后，白天温度可控制在28℃以上，夜晚18℃，避免温度过低和小老苗的发生。同时每周喷施百菌清和农用链霉素，杀菌消毒，每周熏一次棚。加强苗床的管理，密切注意苗床病虫害的发生，早发现早治疗。

④栽培管理：在苗高20cm、6~7片真叶或约50d苗龄后选择晴天及时定植。定植后，要注意将地温控制在20℃以上，气温保持在30~35℃，以利于缓苗生长。缓苗后至第一花序着果，主要是蹲苗，促使根系下扎，促下控上为丰产打好基础。定植后喷施一次百菌清500倍液，以后每10~15d预防一次。根据定植密度确定果穗数量，根据果穗数量定好果实大小。每株可留8~10个果穗，不可过多，每个果穗应留4~5个果。在整枝方面，一般采用单干整枝。

⑤防止落果和畸形果：引起落花落果的因素很多，主要原因有温度过高或过低、光照不足、水分缺乏及伤根造成的营养不良等。如果是由于温度引起的，则可使用植物生长调节剂，通常用的是2，4-D植物生长调节剂，以

开放当天的花最好。

此外，盛果期保证充足的光照，经常清理塑料薄膜，对草帘早拉晚盖；喷施磷酸二氢钾500倍液，7~10d一次；浇水前用药喷雾防病，浇水后用百菌清烟雾剂或粉尘法防病；清除病残叶，及时采收待熟果实；多种药物交替应用，认真防治病虫害；重点防治早疫病、晚疫病、灰霉病、病毒病、粉虱和蚜虫。

（2）茄子、辣椒育苗及养护

①浸种催芽：准备55℃的温水，水量是种子的5倍左右。顺时针搅拌，边搅拌边加入种子，当水温降至30℃时停止搅拌。浸种30min左右，然后捞出，放入恒温培养箱或用湿毛巾包裹在25℃的条件下催芽，每天用温水清洗一遍种子，直到出芽。大部分种子露白后即可播种。

②播种：将基质装入72孔或128孔穴盘，一定要均匀装满穴盘。轻拍之后把多余的基质清除。浇透水，水一定要浇透至穴盘下边的孔流水为止。轻压穴盘，压出深约1.0cm的穴。将种子放在穴中，用湿润的蛭石覆盖种子，湿润程度为70%，用手紧握有水滴从指尖流出。将已经覆土的穴盘摆放整齐。穴盘上覆盖塑料薄膜，用于保温保湿。

③苗期管理：白天气温最高控制在35℃，晚上最低温度控制在15℃以上。育苗温室里的温度升至32℃时开始采取降温措施，应使温室的温度保持在30℃左右。苗子拱土后将塑料薄膜去掉。冬季很容易造成低温高湿的温室环境，低温高湿容易诱发猝倒病。苗期管理要注意见干见湿。当两片真叶展开后，开始施肥。用喷雾器喷施0.1%宝力丰，晴天上午施肥，施肥后浇水。苗期可使用农用链霉素、百菌清、甲霜灵、恶霉灵等预防病害，每周施一次肥料。

④定植：在苗高20cm、6~7对真叶或苗龄50d后选择晴天及时定植。底肥一定要充足，有机肥要充分腐熟，每穴200~250g，并在坑中撒入防治疫病的药物。定植后及时浇透定植水，气温保持在30~35℃，以利于缓苗生长。定植后喷施一次百菌清500倍液，以后每10~15d都要预防一次。

⑤定植后管理：缓苗后的温度、湿度管理非常关键。白天气温20~25℃，夜晚18~21℃，土壤温度20℃左右，湿度以50%~60%为宜。进入正常生长期，温度控制在25~28℃。进入结果期后每10~15d施肥一次，施肥结合灌水，土壤湿度宜控制在80%左右，最好使用滴灌水肥一体化系统。

⑥整枝吊蔓：一般采取双杆整枝，吊蔓栽培。每株保留2个生长健壮的侧枝，及早摘除其他侧枝，并根据植株情况摘去一些叶片，以利通风透光，每个侧枝最好保持垂直向上生长。支架采用吊蔓绳进行缠绕吊枝，整枝和缠绕工作一般每周进行1次。门椒（茄）开花后及时摘除，以利主要侧枝健壮

生长，提高整个生育期内侧枝结果量。为了提高坐果率，可采用一定浓度的植物生长调节剂保花保果，增加观赏价值。

5. 特色叶菜类

叶菜类蔬菜是指主要食用柔嫩的叶片、叶柄、嫩茎的蔬菜。特色叶菜类蔬菜品种较多，如花叶苦苣、乌塌菜、木耳菜、羽衣甘蓝等。叶菜类蔬菜通常种植比较密集，生长期短，通过不同叶形、叶色、植株形状容易形成景观。彩色蔬菜如紫色生菜、油菜、油麦菜和多色的苋菜、甜菜等应用较多，不仅含有较高的花青素，又具有很强的观赏价值，点缀在蔬菜观光园中别是一番风景。

特色叶菜类蔬菜应根据栽培类型选择育苗方式。做水培的均要提前育苗，水培蔬菜育苗一般采用纯蛭石，这样在水培苗定植的时候洗根非常容易，而且不伤根。地栽蔬菜如甘蓝、芹菜、莴苣、生菜等一般都需进行育苗，这样可以提高土地利用率，而且能在很短的时间内表现出最佳的生长状态。

播种期要根据需要表现的最佳时期来推算，如紫生菜若要在5月份出景观效果，育苗就要定在2月底进行。因为叶菜类的种子一般都很小，出苗很快，所以不需要催芽，但对于较大的种子，如木耳菜的种子最好经过温汤浸种催芽后再播种。种子从播下到出苗需保持30℃左右；出苗后，白天需保持25℃左右，夜间15℃左右。苗龄35～40d可以定植。

水培叶菜定植后不需要再额外施肥，根据植株大小调整营养液浓度即可；基质栽培的要根据不同的生长期灌溉营养液2～3次。

第七章
新型栽培设施设备在观光温室中的应用

农业观光温室是以农业高新技术为支撑的观光农业景观形态，它的一项重要功能就是农业科技的集成，包括展示各种园艺作物的无土栽培模式，在建设中应重视其科技含量（彩色插图 15）。

现代无土栽培与传统土壤栽培相比有如下优点：传统土壤栽培中施用的肥料，其平均利用率约 50%，无土栽培采用封闭式营养液循环系统，肥料利用率可达 90%~95%，同时不存在土壤对养分的固定问题；无土栽培不存在水分渗漏损失，水分利用率高，无土栽培作物的耗水量只有土壤栽培的 1/10~1/5；无土栽培摆脱了土壤栽培中的翻土、整畦、除草等劳动，机械化程度高；病虫害少，避免土壤连作障碍，生产过程可实现无害化；免除土壤污染，能生产出符合要求的产品；不受地区限制，可充分利用不毛之地；有利于实现农业的产业化。

当然，现代无土栽培与传统土壤栽培相比，需要一次性投资较大，如广东省江门市引进荷兰专门种植番茄的番茄工厂，每公顷总投资达 1000 万元人民币，对管理人员的素质要求高，管理过程标准严格，有一定风险，一旦某个环节出问题，可能导致较大的损失。

第一节　无土栽培概述

一、无土栽培的概念及其意义

无土栽培（soilless culture）是一种不用土壤而用营养液或固体基质加营养液栽培作物的种植技术。作为现代农业设施栽培的高新技术，其核心和实质是营养液代替土壤向作物提供营养，独立或与固体基质共同创造良好的根际环境，使作物完成自苗期开始的整个生命周期，并充分发挥作物的生产潜力，从而获得最大的经济效益或观赏价值。

二、无土栽培的应用范围

无土栽培可以用来补偿失去的土壤，但不能完全取代土壤，它是有一定局限性的，在下列情况下，能充分体现无土栽培的优越性（彩色插图16）。

（一）在经济较为发达地区应用

在发达地区有足够的资金投入到大规模的无土栽培生产设施建设中，这样就能产生出规模效益。同时，利用大棚或温室等保护地设施进行错季或反季节产品的生产，也能体现其经济效益。例如，近几年来，南方的许多省份利用无土栽培技术每年可生产3茬哈密瓜（厚皮甜瓜），在新疆哈密瓜未上市或上市完才上市，经济效益十分可观；又如露地栽培中难以种植七彩甜椒和温室青瓜（包括迷你青瓜，或称小青瓜），或即使可以种植，产量和质量也难以令人满意，而经过无土栽培后，情况改观，可供应高档消费场所和出口，经济效益也非常良好。

（二）在不适宜农业耕作的地方应用

在沙漠、盐碱地、油田等一些不适宜农业耕作的地方运用无土栽培进行农业生产，例如在南沙群岛布满礁石的岛上运用深液流水培技术生产出郁郁葱葱的蔬菜以满足驻岛战士的生活需求；再如新疆吐鲁番西北园艺作物无土栽培中心在戈壁滩上建了112栋塑料日光温室，占地面积34.2hm^2，温室内以半基质槽式沙培系统种植作物，取得了很好的经济效益和社会效益。

（三）在污染或退化的土壤上应用

在土地受到污染、侵蚀或其他原因而产生严重退化，而又要在原来的土地上进行农作物耕作的地方，可用无土栽培进行农作物生产。

（四）在家庭中应用

利用家庭的庭院、阳台或天台来种花、种菜，既有娱乐性，又有观赏性和经济收益，同时由于无土栽培操作简便、干净卫生，只需用水来配制营养液即可，不需要像土壤栽培那样搬动沉重的花泥，所以特别是对于已退休的老人修养身心很有好处。家庭内可根据空间的大小选择不同的容器来种植不同的植物，可起到很好的美化、绿化作用。且家庭中的应用具有一定的实惠性，利用家庭的阳台、天台等场所进行蔬菜的无土栽培，还可以品尝到自己的劳动果实，享受种植的乐趣。家庭推广实践表明，每1.5m^{2}无土栽培设施每30~40d可收获10~15kg叶菜类作物，如生菜、小白菜、芥菜等。而种植番茄、黄瓜等茄果类作物，每茬也可生产出20~25kg，而且还可以在完全成熟时才采摘，保证了产品的新鲜。联合国开发计划署在南美等第三世界国家推广收旧利废来发展小型的家用无土栽培设施生产蔬菜，以解决农户蔬菜自给的问题，取得了很好的效果。

（五）作为中小学校的教具应用

1. 丰富教学内容，促进素质教育

无土栽培的直观性很强，可以很方便地观察到植物从种子的萌发、植株地上部和地下部的生长、开花直至结实的整个生长过程，因此是中小学生自然课的良好教具。把无土栽培应用到教学活动中，提高了学生的积极性和主动性，这种知识性、趣味性很强的实践活动可消除学生的厌学情绪，对学生的综合素质培养是好处颇多的。

2. 培养学生的组织能力和团队精神

相比以前的传统土壤种植方法，中小学的生物课、课外兴趣小组可将各种无土的栽培模式应用起来，对开发学生的智力、培养学生的动手能力是很有好处的。基质培、水培、气雾培和立柱栽培等一系列栽培模式具有新颖性，又具有直观性、生动性。不少的学校现在已建起了校内无土栽培种植基地，有些少年宫甚至还组织学生进行植物种植比赛。

3. 培养学生学科学、爱科学的良好习惯

摆脱了死板的教学方法，引发学生自己查阅有关资料，讨论及解决问题。

（六）作为高等院校、科研院所的研究工具应用

（1）在植物必需营养元素的确定及植物体内的营养功能的研究方面　这是无土栽培最早的形式和应用最多的领域，随着元素分析手段越来越先进，植物必需的营养元素种类有可能会增加，除了无土栽培外，其他的种植方式均无法做到这一点，因为这些方法不能或难以进行单一因子的控制。

（2）在植物根系形态学研究方面　无土栽培的根系生长很直观，方便研究不同植物在不同条件下根系的生长情况。

（3）在研究病原浸染机制和植物抗病生理研究方面　土壤栽培条件下，病原种类繁多，情况复杂，不易控制病菌对植物的侵染，而无土栽培容易做到，直接将研究的病原菌放入根系生长的介质中就方便得多。华南农业大学蚕桑系在研究蚕桑树病害时，已将水培作为一种鉴定病害的标准方法来使用。

（4）在环境保护研究方面　某些污染物被植物吸收和降解的机制也可用无土栽培技术来进行研究。在某些大型养殖场的污水处理方面，无土栽培可大显身手。

（5）在根系分泌物及植物的化学他感研究方面　植物生长过程中根系会有大量分泌物分泌，特别是受到环境胁迫的条件下，大量分泌物会产生，他们究竟是什么东西呢？可通过无土栽培技术进行研究。不同植物根系分泌物会相互影响，这是植物的化学他感作用，特别是根系分泌物对另外一些植物的影响。

（6）在育种研究方面　无土栽培的植物生长速度快，生育期短，可以加快

育种速度。华南农业大学无土栽培技术研究室在1991—1993年利用水培进行棉花加代育种试验，每年可进行三茬的加代，2.5～3.0年的时间就可将其性状稳定，而土壤种植每年只能种一茬，加代育种的时间需7～8年。

（7）在开发太空事业方面　无土栽培技术在可以预见的未来人类较为长期的太空生活中几乎是唯一的种植绿色植物的方法。美国国家航空航天署和许多发达国家的宇航研究部门都非常重视无土栽培技术在太空中的应用。它是当今现代化农业生产技术，代表着今后农业发展的方向。

三、无土栽培的分类

新兴栽培模式将设施工程技术、环境调控技术、营养液供应技术、农艺措施等综合起来，充分展现作物栽培过程的科学性、趣味性以及艺术性，丰富了观光农业的观光价值和科普价值。新型栽培模式的栽培池、栽培带、栽培柱及无土栽培设施等体现了科学技术美，也形成了一种景观。

目前国内外无土栽培方式主要是基质栽培和无基质栽培。种植模式包括墙体、立柱、立体管道、层式水培、箱培和袋培等。具体分类如图7-1所示。

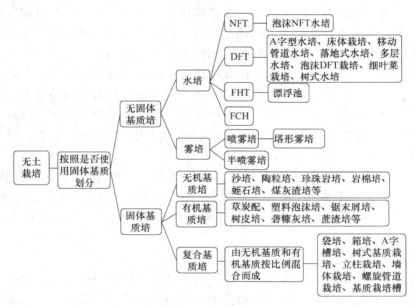

图7-1　无土栽培类型划分

四、新型栽培设施的应用

20世纪60年代，立体无土栽培在发达国家首先发展起来，美国、日本、西班牙、意大利等国研究开发了不同形式的立体无土栽培，如多层式、悬垂式、香肠式、单元叠加式等。我国自 20 世纪 90 年代起开始研究推广此项技术，立体式无土栽培因其高科技、新颖、美观等特点而成为休闲农业的首选项目，近年来在北京、上海、东北、河北等地推广较快（彩色插图 17）。立体栽培是在不影响平面栽培的条件下，通过四周竖立起来的柱形栽培向空间发展，充分利用温室空间和太阳能，可提高土地利用率 3～5 培，提高单位面积产量 2～3 倍。它是在立体空间上栽植花卉、蔬菜、水果等，并用营养液自动循环浇灌、循环迷雾来满足花卉、蔬菜、水果生长对水、气、肥的需求而进行的栽培方式，集立体栽培、无土栽培、设施栽培于一身。立体造型栽培则是在立体栽培的基础上，利用栽培设施进行造型设计，并配以适当植物，达到表达一定寓意的目的，成为温室景观小品。立体式造型无土栽培具有一定的观赏价值，且投资少、效益高，在我国各地应用较多。

（一）运用基质培的立体栽培

基质培是目前应用最多的一种模式，它使用工艺化塑料盆钵垒叠成一定高度，或者使用大的排水管在其上面打定植孔并直立放置，在盆钵或栽培管中填充好栽培基质。基质一般选用珍珠岩、蛭石等无机基质，盆钵也可以选择陶粒之类的栽培基质。在这些盆钵和定植孔上栽培植物，利用水泵从储液池中抽营养液上来喷到顶部的盆钵或柱顶，经过多层盆钵的重复利用慢慢回流到储液池。还可以运用计算机来检测基质的湿度以及营养液的浓度，湿度不够则自动开启水泵进行循环，营养液浓度不够则自动补充母液。排水管的上部和底部设置有安装孔，通过各种安装组件可相互串联任意组合，堆叠出各种立体造型。可反复使用。

创新在于：①在栽培孔内种植不同的花卉，可拼出花卉文字和图案，实现不同的园林景观造型；②也可用于城市的垂直绿化，美化生活环境；③还可实现蔬菜的立体栽培，有效节省耕地和浇灌用水，提高单位面积的产量。

（二）运用水培的立体栽培

管道栽培就是以管道为载体，在管道上打孔，把打好孔的管道放到立体栽培架上，植物栽培到管道的定植孔中，营养液在管道中循环，植物根系浸泡在营养液中的一种栽培模式。该模式通过计算机来检测其营养液的浓度以及营养液中的溶氧，营养液浓度不够自动补充母液，溶氧不够则自动开启水泵进行循环（彩色插图 18）。

（三）利用气雾培的立体栽培

气雾培是利用喷雾装置将营养液雾化，直接喷施于植物根系表面。其主要是人字形的栽培模式。人字形是用轻质角钢组成等腰三角形截面的支承架，两侧安放厚 2~3cm 的塑料嵌台板，板下装喷雾装置，在塑料嵌台板上打定植孔，植物定植到这些孔上，植物根系悬在栽培架内部，周围空间封闭，使根系生长，在充满营养液的气雾环境里，通过计算机检测其根系环境的湿度、温度来控制迷雾，根系环境的湿度不够就进行营养液迷雾，保证根系的湿度，以及通过检测营养液浓度来控制母液的补充（彩色插图 19）。

（四）立体栽培的应用

1. 在园林绿化上的应用

随着人们绿化意识的增强和绿化观念的更新，人们对公路、公园的绿化要求也越来越高，立体栽培可以通过不同品种、不同花色的搭配、不同高度花柱的组合以及不同的造型，设计出富有不同艺术情趣的花卉立体组合模式，表达不同的文化内涵。为城市公园增辉，也可作为移动花坛应用（彩色插图 20）。在绿化死角具有与盆花相似的应用效果。

2. 在屋顶、阳台绿化上的应用

采用立体无土栽培进行屋顶和阳台绿化，节水环保、不积水，避免了屋顶土壤栽培积水易渗漏等缺点，填补了屋顶绿化的空白，可净化城市空气，降低空气温度。

3. 在室内绿化中的应用

传统家居绿化盆花常用土壤栽培，养护必须凭经验，不易管理，易患病虫害，与现代居室环境不和谐。采用花卉立体栽培，绿化容量大，美观易管理，是家庭居室、办公室美化绿化的理想选择，也解决了传统室内绿化土壤不干净、难养护的问题，能最大限度满足人们种花养花的情趣。

4. 在农业生产上的应用

随着土地的日益减少，人们对单位面积的产量要求越来越高，采用立体栽培可以大大提高单位面积产量，更有效地利用温室大棚空间和太阳光能。立体栽培在蔬菜栽培上的应用已比较多，像紫背天葵、大叶茼蒿、立直生菜、油菜、三叶芹等，采用立体栽培后不仅产量提高，而且质量更好。立体栽培通风、透光性非常好，大大减少了病虫害的发生，更加干净卫生，可以进行绿色无公害生产。

立体栽培从土壤栽培中解放出来，以水代替了土壤，以营养液代替了肥料，栽培过程清洁环保，栽培适应性更强，空间更广，可于室内，也可于室外，还可以是屋顶、墙壁；可用于生产，也可用于家庭；可用于种花，也可用于栽培瓜果蔬菜，只要有水有电的地方就能进行立体栽培。立体栽培在城市绿化、观光农业以及农业生产上的应用广泛，具有广阔的发展空间（彩色插图 21）。

5. 其他运用

（1）瓶培　将花卉栽种于透明的玻璃瓶或塑料瓶中，里面填充陶粒，适时浇灌营养液，布置成一座微型花园，即称"瓶园"，又称"迷你玻璃花房"，瓶园也被誉为"有生命的艺术品"。

（2）鱼菜共生　鱼菜共生是养鱼池与无土栽培植物组合的"黄金搭档"。养鱼污染的水供植物吸收净化后，再返回来养鱼（彩色插图22）。系统中的物质就地进行良性循环，能量朝着鱼、菜双方有利的方向流动，是物尽其用的无废化生产，属于典型的生态循环经济。

第二节　无土栽培设施

实际使用过程中，任何一种无土栽培都需要建造栽培设施，而且其品质高低直接关系到植物的生长状况、管理水平及操作简易程度。高品质的栽培设施不仅能够满足植物的正常生长，生产出纯天然绿色果蔬，而且外形美观大方，适宜造景，因此在现代观光型农业温室中得到广泛应用。无土栽培设施可根据具体表现形式分为三类，即基质培、水培和气雾培。

一、基质培

基质栽培是在栽培区域内装填一定数量的基质，通过浇灌营养液或使用固体肥的方式进行作物栽培的方法。基质在栽培中起支持和固定作物的作用，同时具有保持水分、吸附营养液、改善根际透气性等功能。无机基质有沙、石砾、岩棉、蛭石和珍珠岩等，有机基质有泥炭、锯木屑、稻壳、树皮、蔗渣等。这些基质具有良好的物理性质和稳定的化学性质，在栽培中具有有利于作物生长调控、延长生长期等优点。基质栽培在观光农业温室中的常用栽培方式有以下几种。

（一）袋培

袋培是在塑料薄膜袋内填充泥炭、珍珠岩、树皮、锯木屑等基质栽培作物，用开放式滴灌法供液。由于袋培基质彼此分开，不设回液，发生土传病害时可以及时将病株清除，防止蔓延（图7-2）。

袋培的装置比较简单，只需一定大小的塑料袋和适宜的固体基质，再配上供液装置。可就地取材，成本较低。塑料袋应

图7-2　袋培展示区

选用抗紫外线的聚乙烯薄膜，严寒季节以黑色为好，高温季节以白色较宜。

通常袋培方式有开口筒式袋培与枕头式袋培两种方式。袋培法常用于面积较小的不规则区域，种植中小型作物。

（二）立柱栽培

立柱栽培把无土栽培从单层平面提升到立体空间，大大提高了土地竖向空间的利用率。立柱栽培兼具生产与观光功能，既可广泛用于农业园区的蔬菜高效生产，又可用于都市观光农业园、植物园、生态餐厅、家庭阳台等的观赏栽培（图7-3），适用于生产各种叶类蔬菜、矮生花草及草莓等。浇水施肥自动控制，管理简便。

（三）箱培

箱培是运用聚苯乙烯泡沫塑料箱作为栽培容器的一种复合基质无土栽培方式，属于平面栽培。这类栽培方式以使用复合基质为主，应用于茄果类蔬菜的栽培（图7-4）。

图7-3 立柱栽培　　　　　　　图7-4 箱培展示

（四）墙体栽培

墙体栽培是利用墙体的空间特征和便于组装造型的特点而开发出的一种栽培模式，可以根据生产和观光的不同需求，构建出不同形状的栽培墙板，既可以附着在建筑物表面，也可以通过墙体骨架建成栽培墙分隔空间（图7-5）。适宜墙面栽培的植物包括各种叶菜（生菜、紫叶甜菜、空心菜、油菜、油麦菜、水晶菜等）、矮生花卉及草莓等。

图7-5 墙体栽培

墙面栽培不仅能大幅度提高土地利用率，增加蔬菜产量，而且可以利用不同颜色植物进行搭配，拼装组合形成不同的植物图案和缤纷多彩的立体造型，营造各式"生态院墙"、"温室绿色隔离墙"和"绿色迷宫墙体"等栽培景观。蔬菜栽培在墙上，技术人员可以站立进行管理和操作，减少动作幅度，因此墙体栽培特别适合发展采摘和观光农业。

（五）槽式栽培

将基质装入一定容积的栽培槽中来种植作物，称作槽式栽培。槽式栽培由栽培槽（床）、贮液池、供液管、泵和时间控制器等组成。栽培槽可用红砖直接垒成，也可用混凝土或木板条制成永久或半永久性槽。通常在槽基部铺一两层塑料薄膜防止渗漏，并使基质与土壤隔离。栽培槽深度以 15cm 为宜，长度与宽度因栽培作物、灌溉能力、设施结构等而异。一般槽的坡度至少应为 0.4%。将基质混匀后立即装入槽中，铺设滴液管，开始栽培。槽式栽培常用于廊架周边、亭榭四周等高大作物栽培，也可用于花坛等的造景植物栽培（图 7-6）。

（六）盆（钵）栽

盆（钵）栽是在栽培盆或钵中填充基质栽培作物。从盆或钵的上部供营养液，下部设排液管，排出的营养液回收于贮液器内再利用，适用于小面积分散栽培园艺植物，如温室广场、园路两侧、出入口两旁等都较适宜应用（图 7-7）。

图 7-6　槽式栽培　　　　　　　图 7-7　盆栽展示

（七）岩棉培

岩棉培是将作物种植于一定体积的岩棉块中，使其在岩棉中扎根锚定，吸水吸肥，生长发育。通常将切成定型的岩棉块用塑料薄膜包住，或装入塑料袋，制成枕头袋块状，称为岩棉种植垫。常用岩棉垫长 70～100cm，宽15～30cm，高 7～10cm。放置岩棉垫时要稍向一面倾斜，并朝倾斜方向把包岩棉的塑料袋钻两三个排水孔，以便将多余的营养液排除，防止沤根。种植时，将岩棉种植垫的面上薄膜割一个小穴，种入带育苗块的小苗，后将滴液管固定到小岩棉块上，7～10d 后，作物根系扎入岩棉垫，将滴管移置岩棉垫上，以保持根基部干燥，减少病害。

岩棉培宜以滴灌方式供液。按营养液利用方式不同，岩棉培可分为开放式岩棉培和循环式岩棉培两种。开放式岩棉培通过滴灌滴入岩棉种植垫内的营养液不循环利用，多余部分从垫底流出而排到室外。该方式设施结构简单，施工容易，造价低廉，营养液灌溉均匀，一旦水泵或供液系统发生故障，对作物生产影响较小，不会因营养液循环导致病害蔓延。目前我国岩棉培多以此种方式为主。但其也存在营养液消耗较多、废弃液会造成环境污染等问题。与此相反，循环式岩棉栽培可克服上述缺点，其营养液滴入岩棉后，多余营养液通过回流管道流回地下集液池中循环使用，不会造成营养液浪费及环境污染。但其设计复杂，建设成本高，易传播根际病害，应因地制宜选用。目前，许多国家都在试验与应用，其中以荷兰的应用面积最大，已达 $2500hm^2$ 之多。我国的岩棉原料资源极其丰富，国内岩棉的生产线几乎遍及全国。随着岩棉生产技术的不断更新，岩棉的生产成本还可下降。因此，试验与推广应用岩棉培技术，对发展我国的无土栽培有着积极意义。

（八）有机生态型无土栽培

有机生态型无土栽培是利用河沙、锯末等廉价材料作为栽培基质，利用各地易得到的有机肥和无机肥为肥料的一种栽培方式。

栽培槽用泡沫聚苯复合固化的轻质板材制成 L 型槽周边框，于其中铺塑料薄膜与地面土壤隔离，于其上放置基质。供水系统由进水主管道、计量水表、支管、截门、滴灌带等部件相连组成，满足特定的生产方式要求。

植物营养的供应，有机基质是重要营养源。植物生长过程中的营养元素由固态肥料提供，可省去营养液的配制及供应系统，故设备大为简化，较无机营养液无土栽培投资节省 70% 以上，在经济上为大量推广应用创造了有利条件。营养液供应可根据所需生产的农产品等级，施用不同类型的肥料，如生产绿色 AA 级农产品可全部施用有机肥，生产绿色 A 级农产品可施用有机肥加部分无机化肥。有机生态型无土栽培设施的商品化，可加速推广该项技术，可使得该栽培技术更简明，施肥配方化，管理规格化，技术易掌握。有机生态型无土栽培宜发展成工厂化、产业化生产，增加规模效益。

二、水培

水培是在栽培中不用固体基质，而将植物的根连续或断续浸在营养液中生长的栽培方式，又称无介质培，是无土栽培的一大类型。水培是目前现代农业观光温室中的重要观赏项目之一。

（一）浅液流水培（NFT）

浅液流水培是将植物种植于浅的流动营养液中，施工简单，一次性投资少；因液层浅，可较好地解决根系需氧问题，但要求管理精细。目前，NFT 系统广泛应用于叶用莴苣、菠菜、蕹菜等速生性园艺植物的生产（图 7 - 8）。

（二）深液流水培（DFT）

深液流水培是指植株根系生长在较为深厚并且是流动的营养液层的一种水培技术（图7-9）。种植槽中盛放5~10cm有时甚至更深厚的营养液，将作物根系置于其中，同时采用水泵间歇开启供液使得营养液循环流动，以补充营养液中的氧气，满足植物根系的需氧要求，并使营养液中的养分更加均匀。营养液浓度（包括总盐分、各种矿物质元素、溶存氧等）、酸碱度、温度以及水分存量等不易发生急剧变动，为根系提供了一个较稳定的生长环境，生产安全性较高。该方式较适合我国现阶段经济及农业技术发展水平，也是发展中国家广泛使用的类型。

图7-8　浅液流水培　　　　　　　　图7-9　深液流水培

深液流水培由盛装营养液的种植槽、悬挂或固定植株的定植板块、地下贮液池、营养液循环流动系统、供氧系统等五大部分组成。种植槽一般长10~20m，宽60~90cm，深度为12~15cm，可用水泥预制板或水泥砖结构加塑料薄膜构成。定植板用硬泡沫聚苯乙烯板块制成，板厚2~3cm，宽度与种植槽外沿宽度一致，以便架在种植槽壁上。定植板面开若干定植孔，孔内嵌入一只定植杯，定植杯下半部及底部开有许多孔，这样就构成了悬杯定植板。幼苗定植初期，根系未伸展出杯外，提高液面使其浸没杯底1~2cm，但与定植板底面仍有3~4cm空间，既可保证吸水吸肥，又有良好的通气环境。当根系扩展，伸出杯底，进入营养液，相应降低液面，使植株根茎露出液面，也解决了通气问题。地下贮液池则是为增加营养液缓冲能力、创造根系相对稳定的环境条件而设计的，取材可因地制宜，一般1000m²的温室需设30m³的地下贮液池。营养液循环系统由供液管道、回流管道、水泵及定时控制器等组成，所有管道均用硬塑料制成。每茬作物栽培完毕，全部循环管道内部须用0.3%~0.5%有效氯的次氯酸钠或次氯酸钙溶液循环流过30min，以彻底消毒。

（三）管道式栽培

管道式栽培是利用人们易得的PVC管材组装成适合栽培的容器与无土栽

培的广泛适应性相结合，栽培各种植物的一种
水培方式（图7-10），其中管道中的营养液进
行循环，以提供植物需要的营养和氧气。

（四）浮板毛管水培（FCH）

浮板毛管水培是在引进世界各国无土栽培
设施优点的基础上研制而成的新型水培方式。
采用栽培床内设浮板湿毡的分根技术为培养湿
气根创造了丰氧环境，解决了水气矛盾；采用

图7-10　管道式栽培

较长的水平栽培床贮存大量的营养液，确保了停电时肥水供应充足和稳定。
其结构由栽培床、贮液池、循环系统和控制系统四大部分组成。

三、气雾培

气雾培又称喷雾栽培，是无土栽培技术的新发展，它不用固体基质而是利
用喷雾装置将营养液雾化，直接喷施于植物根系上，供给其所需营养和氧的一
种无土栽培形式。根据场地环境量身定做培养箱，用聚丙烯泡沫塑料板作固定
容器，在板上打孔栽入植物，茎和叶露在板孔上面，根系悬挂在下面空间的暗
处（图7-11）。每隔2~3min向根系喷营养液几秒钟，使根系生长在充满营养
液的气雾环境里，解决了根系从溶液中吸收营养与氧供应的矛盾。营养液循环
利用，营养液中肥料的溶解度必须高，且要求喷出的雾滴极细。通常喷雾管设
于封闭系统内，按一定间隔设喷头，喷头由定时器调控，定时喷雾。

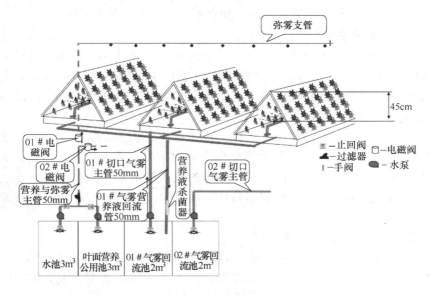

图7-11　气雾培构造组成

观赏花卉、观叶植物及小株形蔬菜喷雾立体栽培，已在国内外推广应用。它的各方面技术成熟、应用稳定，具有高效实用、经久耐用、节能节水等优点（图7-12、图7-13）。

图7-12　喷雾立体栽培　　　　　　　图7-13　蔬菜喷雾立体栽培

第三节　新型温室内机械设备

现代都市观光型温室的一项主要功能为科普教育、科技示范，因此，各种新型农业设施设备必不可少。生产中常用的新型设备有很多，根据具体功能大致分为两大类，即微环境调节型和生产应用型。

一、微环境调节型

使用小型仪器设备对植物生长微环境的调控，侧重面在于小环境的营造，包括二氧化碳浓度调节、杀虫灭菌、通风透气、湿度调节等方面。

（一）二氧化碳发生器

二氧化碳发生器主要能从烟气中获得纯净的二氧化碳，并均匀地供给温室植物，促进植物光合作用，使植物保持旺盛的生长势头（图7-14）。与空间电场配合使用具有产量倍增效应，作物增产幅度可达50%以上，果蔬口感好，糖度显著提高。

主要作用：①能促使蔬菜、果树、花卉花芽分化，控制开花时间；②蔬菜增施二氧化碳获得增产的显著程度依次是根菜类、果菜类、叶菜类；③提高地温、保持土壤水分是增强二氧化碳增施效果的重要方法；④高浓度二氧化碳与空间电场结合具有产量倍增效应，而且果蔬口感好，特别是糖度增加显著。

（二）高压雾化系统酸水消毒装置

氧化电位水绿色消毒系统是一种新型、绿色、环保的高效消毒产品（图7-15），在奥运会、国庆60周年阅兵以及汶川抗震防疫等重大国际国内活动的卫生安全保障方面发挥了重要作用。本项目符合科技北京、人文北京、绿色北京的理念，其推广应用将产生巨大的经济效益和良好的社会影响。

图 7 - 14　二氧化碳发生器

图 7 - 15　高压雾化器

此高压雾化装置具有操作使用方便、雾化率高、喷洒均匀等优点，设备简单，运作可靠。结合电解酸性水可达到很好的杀菌消毒效果。

（三）声波助长仪

声波助长仪根据植物生长的声学特性，利用音箱对植物播放特定频率的声波，从而与植物产生共振，增加植物活细胞内电子流的运动速度，进而促进细胞对各元素的吸收、运输和转化（图 7 - 16）。同时，还有利于增强植物的光合作用，促进植物对蛋白质和糖类等有机物质的合成，最终达到植物生长健壮、增产和早熟等效果。

图 7 - 16　声波助长仪

主要作用：增加作物产量，提高营养品质，增强抗病性，促进生长发育，提早成熟，延长储藏时间，加快后熟程度，提高种子发芽率等。

（四）紫外线杀菌设备

紫外线杀菌属于纯物理消毒方法，具有简单便捷、广谱高效、无二次污染、便于管理和实现自动化等优点。但是它也存在很多缺点，如：石英灯管使用寿命较短，发出的紫外线达不到杀菌强度，杀菌能力自然降低。紫外线沿直线传播，任何障碍物都可以阻断光线，因此需要杀菌的物品应尽量暴露于紫外线下。紫外线直射对人体有伤害，因此不能在有人的环境下使用。

（五）温室娃娃

温室娃娃是温室环境检测设备，可实时检测空气温度、空气湿度、露点温度、土壤温度、光照强度等环境信息，直接显示在电子屏幕上，为技术人员提供参考，进行环境调节（图 7 - 17）。机器还能够将收集到的环境信息定时存储起来，工作人员可通过数据线将之与电脑连接，根据存储数据做出环境变化曲线，指导生产。

（六）温控电热硫磺蒸发器

温控电热硫磺蒸发器利用电能加热硫磺粉，不发生化学变化，使其蒸发升华成为硫蒸气，渗透到设施栽培的每个角落，当达到病害虫螨的致死浓度时，就能杀灭病原孢子及螨类害虫等（图7-18）。此法安全可靠、残留少，符合有机蔬菜生产要求。

图7-17　温室娃娃　　　　　　　图7-18　电热硫磺蒸发器

主要特点：①药剂成分扩散速度快、渗透力强、分布均匀，对于多种真菌性病虫害具有特效，如白粉病、黑斑病、灰霉病、霜霉病等；②使用方便，操作简单，防治效果好，无污染，特别适合温室花卉和有机蔬菜生产使用。

（七）植物静电发生器

静电场是植物生长发育必不可少的环境因素之一。早在20世纪70年代，我国就开始有人利用人为高压静电场处理农作物种子，并取得了提高产量、增强作物抗严寒、抗病虫害等性能的良好效果。植物静电效应的试验研究取得一定成果的主要有静电场处理植物种子和植株两个方面（图7-19）。

图7-19　植物静电发生器

主要作用：①能为植物的光合作用提供正离子即光电反应；②给植物提供三磷酸腺苷（ATP）能量；③使植物的细胞间隙加大，渗透性加强，从而加快营养和水分的吸收；④植物叶片气孔吸收二氧化碳能力提高，叶绿素含量增加，从而增强了光合作用；⑤产生一定浓度的臭氧，对真菌、细菌有抑制和杀死作用。

（八）微纳米气泡发生装置

微纳米气泡是指直径在 $10\mu m$ 和数十微米之间的微小气泡，其自身带有迅速收缩并变更小的特性，并且这些气泡与毫米气泡相比，其物理、化学特性均有本质区别。

由于微纳米气泡量级小，因此吸入空气打入水中后，水中溶氧含量大幅度上升，为鱼菜共生提供了充足的氧气以供应呼吸。营养液中打入纳米气泡后，经验证，水培蔬菜生长明显加快，起到了促进作用。

二、生产应用型

植物生产过程中需要耗费大量的人力物力，因此需要各种机械设备辅助人工操作，以达到省时省力、集约化生产的目的。生产应用型机器设备涉及植物生长发育的各个阶段，从播种、育苗到授粉、采摘，科学技术贯穿始终。

（一）黄板蓝板

黄色诱虫板功能：蚜虫、白粉虱、斑潜蝇等多种害虫成虫对黄色敏感，具有强烈的趋黄性，诱杀效果显著。

蓝色诱虫板功能：利用蓟马、种蝇等昆虫对蓝色的趋性，制成蓝色诱虫板，杀虫效果显著。

黄蓝板优点：①绿色环保、无公害、无污染；②持久耐用，使用期达半年以上；③双面涂胶，双面诱杀；④操作方便，省时省力。

（二）电生功能水设备

电解水是稀盐水或盐酸溶液在低压直流电作用下，消耗微量电能生成的水溶液。根据化学特性分为酸性电解水和碱性电解水。酸性电解水具有高氧化还原电位，氧化能力强，可迅速氧化细胞膜和一些大分子，起到杀灭微生物的作用。碱性电解水的主要成分是氢氧化钠，可作为清洁剂用于洗涤，可通过提供电子促进种子的萌发，还可以利用其还原性用于酸性土壤的改良等。

电生功能水中的活性成分可以有效防治黄瓜白粉病、葡萄炭疽病、小麦条锈病等。使用酸性水处理草莓、番茄果实，储藏期可延长；浸泡油菜、白菜、韭菜30min即可将农药残留降低到30%以下。碱性水浸泡油菜60min，农药残留量低于10%。

（三）蔬菜嫁接机器人

蔬菜瓜果幼苗通过嫁接，可明显提高抗病能力，并可大幅增产，而直接对营养钵苗嫁接可省去嫁接的拔苗过程，对幼苗根系损伤小，有利于嫁接后缓苗，便于移栽，这是我国蔬菜生产中普遍采用的育苗形式。因此，实现营养钵苗嫁接自动化具有重要的实际生产意义。由中国农业大学工学院教授张铁中主持完成的国家"863计划"项目"营养钵苗嫁接机器人"课题科技成果通过了教育部组织的专家鉴定（图7-20）。教育部组织的专家委员会在鉴定后认为：研制的全自动钵苗嫁接机器人装置，实现了营养钵苗的供苗、切苗、嫁接和排苗的自动化作业。研制的通用型营养钵苗嫁接机器人样机对钵体的大小、质量和钵苗的苗高有较强的适应性，既实现了营养钵幼苗嫁接，又能进行穴盘幼苗嫁接；其结构新颖、操作方便、嫁接可靠，各项技术指标和性能在同类机型中居国际先进水平，在嫁接通用性方面为国际首创，成果应用前景广阔。

（四）施肥镐

施肥镐包括管体、排种轮和镐头板。种子或化肥装于钢管做成的管体内，通过排种轮将种子或化肥排出，种子或化肥沿护种斗依靠自重落入镐头板刨出的穴内。应用施肥镐一人即可进行播种或施肥。

（五）强磁处理器

强磁式内磁水处理器是利用磁场对水进行处理，在不改变水的化学成分的前提下改变水的物理结构，从而达到防垢、除垢、杀菌、灭藻、防腐蚀、防锈水的目的（图7-21）。

图7-20　蔬菜嫁接机器人　　　　　图7-21　强磁处理器

（六）自动嫁接机

采用插接法进行嫁接，适用于瓜类作物，操作时需要两名工作人员，一人上砧木，一人上接穗，机器自动完成砧木的夹持与插孔、接穗的夹持与切削、砧木和接穗的对接。通过特殊的双砧木夹上苗和机械手夹下苗的结构，大大提高了生产效率；通过精密的位置调节，保证了嫁接精确度，成功率达95%以上（图7-22）。

（七）机器人黄瓜采摘机

黄瓜采摘机器人是中国农业大学工学院李伟教授主持的国家"863"课题科研成果。黄瓜采摘机器人是利用机器人的多传感器融合功能，对采摘对象进行信息获取、成熟度判别，并确定采摘对象的空间位置，实现机器人末端执行器的控制与操作的智能化系统，能够实现在非结构环境下的自主导航运动、区域视野快速搜索、局部视野内果实成熟度特征识别及果实空间定位、末端执行器控制与操作，最终实现黄瓜果实的采摘收获（图7-23）。

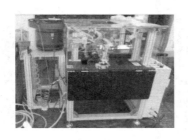

图7-22　自动嫁接机

图7-23　黄瓜采摘机器人

（八）果柄夹

果柄夹可有效加固番茄果穗柄，防止其弯折，有利于果实正常生长，确保果实品质和产量（图7-24）。待果实长到绿豆粒大小时，将番茄夹轻轻夹在靠近茎秆的花穗柄上即可，使用轻巧方便。在果实采收后再将番茄夹取下消毒，可反复使用多年。

（九）番茄授粉器

番茄授粉器通过震荡花柄使花粉自然飘落到花柱上从而达到授粉目的（图7-25）。可有效替代激素授粉，安全环保。利用机械震荡原理快速、有效、方便地对番茄进行授粉，具有授粉后番茄果实产量高、耐储运、植株不易发生病害，操作简便、效率高，节约劳动成本，对操作工人无害的优点。

图7-24　果柄夹

图7-25　番茄授粉器

（十）手持式播种机

手持式吸附棒在真空条件下吸附种子，从吸附位置移到穴盘后释放，即可进行播种（图7-26）。机器运行需要一个小型空气压缩机。可适用于不同形式穴盘，提高手动播种速度。适用于近圆形的种子，如萝卜、白菜等，直径不宜过大。操作简单，安全可靠。

图7-26　手持式播种机

第八章
案例分析

第一节 皇城相府生态农业观光园

一、整体概况

皇城相府生态农业观光园是皇城相府（集团）顺应农业发展要求和旅游发展趋势应运而生的高科技现代农业观光园区，是继皇城相府成功开发之后，为响应中央关于发展农业的号召和确保旅游产业的可持续发展而新建的一个大型综合性现代农业观光园区。该项目位于山西省西南部，距皇城相府约200m的杨庄岭、冯沟和大西沟一带，总规划面积约为1072亩。该项目分三期完成，现在已经完成生态农业观光园区温室内及周边的景观布置。规划总投资1.3亿元。园区规划分为养生景观区、住宿休闲区、养生农业观光园区和生态抚育区四个功能区，投资回收期为9年。项目以"科学规划，协调发展"为原则，坚持"整体开发，突出主题，打造精品，市场导向，强化特色"的理念，努力建设生态与文化相辅相成的休闲旅游观光目的地。项目以建设成为晋东南旅游产业龙头景区、山西休闲观光旅游知名景区、国家级农业旅游示范区和社会主义新农村建设样板为目标（图8-1）。

图8-1 皇城相府生态农业区联栋温室概貌图

皇城相府的发展已经有了几年的历史，在社会上拥有了相当的知名度和旅游方面的经验，加之项目区拥有丰富的山体资源，很具有旅游开发的价值。当地气候条件一般，水资源较缺乏，传统农业的威胁较大，土地产出低，农民收入偏低。为顺应现代农业发展的要求，国家、地方对农业的重视程度不断加大，在农业方面的投资力度也不断加强，各类惠农政策相继出台，为现代农业的发展提供了保障。观光温室是皇城相府生态农业园的项目之一，通过旅游观光，增加景区特色，改善当地农业状况，为发展可持续科技农业打下基础。

二、温室景观设计

（一）建设目标和指导思想

项目建设以抢占农业科技制高点为目标，通过生态园的建设进行农业新品种和新技术的储备，为皇城相府集团下一步的农业产业化发展提供人才和技术保证。

项目区可作为现代农业科技教育培训基地，与中国农业大学等农林科研院所合作，结合新农村建设，培养大批高素质的种植技术人才和管理人才，实现新型现代种植模式在晋城乃至整个山西省的推广。

项目建设可引导人们健康养生消费，大力发展绿色和安全的农产品，促进园区乃至山西特色园艺产业化发展。

项目的建设为皇城相府景区开发新的休闲旅游产品，更新皇城相府景区的旅游形象，丰富和延续皇城相府的文化内涵，营造山西富有特色的旅游区，成为山西省旅游业的龙头企业。

利用现代科技手段，把皇城相府生态农业区建设成为山西省乃至全国一流的集休闲度假、省内和国内游客及晋城市民观光旅游、高科技展示、科普教育示范、乡土文化体验、田园风光品味、农业产业经营、有机农产品流通为一体的多功能乡村农业示范园区，最终形成以绿色生态为标志的都市型现代农业项目和以人与自然高度和谐为特征的亮点景区。

通过该项目的实施，在园内兴建一批科技含量高、示范作用强、辐射范围广的高科技农业温室观光项目，建设各具特色的生态农业采摘基地、科普教育示范基地、高新技术展示推广基地、城郊休闲度假旅游基地，打造晋城地区新农村建设样板村的新形象，为皇城相府未来的可持续发展奠定基础，为山西省乃至全国树立温室景观观光农业的典范。

（二）景观风格定位

1. 景观设计理念

在景观设计中，坚持园艺作物的多样性，色彩和形状丰富多变；坚持科技的先进性，采取多项现代农业先进栽培模式，实现各项实施内容随国内外市场及季节变化；结合造园艺术，力图做到景观的动态变化，达到移步换景的境界。

2. 景观设计原则

科技与景观的结合（现代蔬菜栽培技术展示、新品种引进展示、南果和南蔬北种）；生产与景观的结合 [珍奇果品、现代花卉（图 8-2）、热带果树、养生植物]；园艺与园林的结合。

图 8-2　蝴蝶兰展示

3. 景观风格设计

定位于"传统中式风格的现代表达"，通过蔬菜瓜果产业化思想营造景观，创造一种现代的、科技的、适于农业观光休闲和科技展示的景观。

（三）景观主题定位

项目景观设计以"科技、自然、人文、养生"为主题，实现园林与园艺的完美结合。

珍奇花卉园：以精品花卉、盆景园艺、珍奇植物为主要内容的自然观光区。

热带风情园：以热带、亚热带常绿果树为主的南果北种园林观赏区。

奇特瓜蔬园：以奇特品种引进展示、蔬菜栽培、瓜果艺术、基质和水陪、立体栽培为主的科技展示区。

芳香养生园：以芳香蔬菜、药用蔬菜、茶用植物、茶艺养生为主的养生文化区。

（四）项目的总体功能定位

集生产、旅游、观光、休闲、度假、采摘、购物和科普教育于一体的多功能综合性农业观光园，以高科技为支撑的高效农业园区。其基本功能体现在生产功能、休闲度假功能、观赏功能和科普教育功能上。

1. 生产功能

生产功能是观光园的主体和支柱，以直接获取经济效益为原则，以市场为导向，以科技为依托，以经济为中心，生产高档、优质、高效附加值的安全食品。

2. 休闲娱乐功能

主要为游客提供温室景观观光、游乐、休闲和居住环境。本项目规划设计具有高科技的自然景观，所有建筑避免豪华，尽量与大自然协调，使游客接近自然，增进返璞归真的自然境界。

3. 观赏功能

主要突出人文资源、人文景观和自然景观，运用造园艺术创造观光园的空间景观。如珍奇花卉园、热带风情园、奇特瓜蔬园、芳香养生园及日光温室观光区五个功能区。

4. 科普教育功能

突出科技交流和科普教育，主要为农业生产者开展科技交流，为青少年开展农业科普教育，为夏令营等活动提供场所，这种结合知识教育的田园生活，使游客的活动内容更加丰富，从而提高了观光园的品位，提高了温室观光农业的整体水平。

皇城相府生态农业观光园区是皇城相府成功开发后顺应农业发展而建设的一个重要项目，通过项目的开发建设，带动晋城地区温室旅游观光业的发展，推动皇城社会主义新农村的建设步伐，促进区域经济循环良性运转，提高生态环境的保护力度，为可持续发展奠定坚实的基础。

（五）各区的面积、功能定位、景观设计内容分析

根据园区的土地开发面积、用地性质和园区开发目标，将皇城相府生态农业区划分为"五大观光区"，分别为珍奇花卉园、热带风情园、奇特瓜蔬园、芳香养生园和日光温室蔬菜无土栽培观光区。五大园区除珍奇花卉园外每个园区都有独立的水系，让游客能感受到回归自然的感觉。

1. 珍奇花卉园

珍奇花卉园南北长 40m，东西宽 28.8m，总面积 1152m^2。该园区定位为花卉园艺观光区，以珍奇植物、盆景园艺、精品花卉为主要内容。功能为精品花卉生产区和中心景观区。

主要展示内容有：国内外珍奇精品花卉，如热带兰花类、彩色马蹄莲、火鹤等；新型花卉栽培方式及模式；可移动式苗床生产成品花卉产业示范；精品花卉生产区，主要突出生产功能，重点发展生态园的花卉产业化，如蝴蝶兰、火鹤的产业化；中心景观区，根据时节举办主题珍奇花卉展，不断营造吸引游人的特色景观，满足游客的好奇心理和科普需求；生态园花卉营销中心，面向游客和晋城市场（图 8 - 3、图 8 - 4、图 8 - 5）。

图 8 - 3　游龙杜鹃

图 8 - 4　组合花坛

　　建设内容：由南门入，首先映入游客眼帘的是花卉廊架，由上而下垂吊各种花卉；穿过廊架为中心景观区的砖砌文化墙，带给游人一种清新的感觉；下有长椅供游人小憩；最中心是梅花型的组合花坛，在园区中心"独秀一枝美"。一系列的花坛可根据季节及园区旅游活动的需要进行各种花卉展示，如珍奇兰花展等，形成随季节、品种变化的花卉展示中心。该温室的最北端展示现代水处理系统，充分展

图 8 - 5　龙舌兰景观

示园区花卉生产的高科技含量。通过花卉园的规划和设计要求，向游客展示我国以及国外名优的花卉种类和品种；通过对名、特、优花卉的养护，使游客了解世界各国特色农业的功能、特征和发展状况，了解各国农业的发展历史及相关知识，展现自然造物之神奇，感受自然之魅力；通过参观现代化智能温室，体验现代农业的新科技、新成果。

　　2. 热带风情园

　　热带风情园南北长 40m，东西宽 38.8m，总面积 1536m²，为热带园林观赏区，以热带风情观赏游玩为主题，以热带、亚热带常绿果树栽培和局部绿色采摘为特色，以热带景观为纽带，突出南果北种主题和热带风情体验，营造硕果累累的丰收景象，同时让游人切身感受到热带人文气息。

　　主要展示内容：南果北种，展示热带、亚热带果树品种，如火龙果、柠檬、柚子、枇杷、菠萝等；热带风情景观特色，包括各种热带花卉廊架（红丝垂帘和百香果廊架）、海滩风情、人工瀑布等。通过品种展示与栽培示范，实现扩大种植规模，发展南果北种，将其建设成为山西的绿色无公害热带水果常年供应基地；同时完善此园区作为农业科技教育培训基地的科普示范功能（图 8 - 6、图 8 - 7）。

图8-6　热带风情园柚子

图8-7　热带风情园一角

建设内容：该园区采用热带花卉廊架、沙滩、水景及部分热带景观植物营造热带环境氛围。游客漫步在沙滩中，品尝新鲜的南方水果，欣赏热带植物，使其在北方的冰天雪地中感受南方的热带风情，为晋城百姓和周边省份游客提供一个冬季度假的美好场所。园区内设小桥、流水、假山、鳄鱼化石等山水景观。园区选择具有热带、亚热带特色并有特殊感受的果树品种种植，如硕大成串的香蕉、红彤彤的火龙果、充满清香的柠檬等品种。这些景点的设计将使其成为北方种植热带水果品种最全、数量最多的园区，形成热带水果北方种植的教育基地。

3. 奇特瓜蔬园

奇特瓜蔬园南北长40m，东西宽38.4m，总面积1536m²，为科技展示区，以奇特珍稀蔬菜瓜果品种为主要的载体，以蔬菜树和蔬菜墙造景、瓜果长廊、无土和立体栽培为主要的展示方式。

主要展示内容：国内外新奇果蔬品种，如绿宝石、欧拉玛（樱桃西红柿）、番茄王、马克思大南瓜、佛手瓜等；目前国内外各种最新栽培方式，如有机无土栽培、水培和雾陪；种植模式：墙式、浮板式、立柱式和管道式无土栽培及蔬菜树等。通过品种展示和示范，筛选奇特品种、种植模式和栽培方式，作为后续产业化的技术储备；同时强化此园区开展农业科技教育的科普示范培训功能（图8-8、图8-9）。

在功能分区上，可分为百瓜艺苑、蔬菜无土栽培科技展示两个区块。百瓜艺苑区以食用、观赏瓜果为主要的种植内容，结合竹木长廊制作工艺，主要有蛇瓜展示区、红利南瓜展示区、老鼠瓜展示区和西红柿廊架展示区等。蔬菜无土栽培科技展示区以蔬菜树栽培、立柱栽培、墙体栽培、浮板栽培、基质栽培等为主要栽培内容，主要有西红柿树展示区、特种瓜果展示区等；根据各主题内容，结合园林艺术、构筑廊架等设施，配以假山、小桥流水、蔬菜树盆景、盆栽蔬菜墙等景观，达到展示农业最新科技、表现园区农业优美生态的目的（图8-10）。

图 8 - 8　220cm 长的丝瓜

图 8 - 9　西红柿树

图 8 - 10　管道栽培蔬菜展示

　　建设内容：由南门入，首先映入眼帘的是丝瓜廊架，采用国内外最好的品种，单果长度达到 2.3m，很多的果实从廊架上垂下来，展示一种丰收的景象。水培西红柿树、基质培西红柿树和水培樱桃西红柿树等寓意着皇城相府景区和生态园红红火火。同时水培樱桃西红柿树廊架为三级阶梯状，寓意着连升三级，由南往北步步高升。并结合樱桃西红柿果实不同形状的变化，给人无限的遐想。水培西红柿树采用玻璃槽为容器，由上向下看，水中白色的须根清澈可见，寓意着"胸怀坦荡"（图 8 - 11）。由水培西红柿树往北走为蛇瓜廊架和双色葫芦长廊。蛇瓜由上垂下，触手可及，游人常常流连忘返。南门的左侧为立柱式无土栽培区，种植作物颜色随季节变化，层层加高。管道栽培采用 PVC 管道构成，营养液在管道内循环流动，寓意着"科技力量是农业之源"，同时寓意着科技园的发展源远流长。

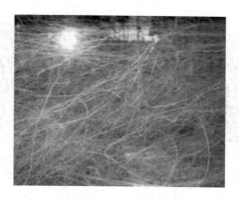

图 8 – 11　水培西红柿根

4. 芳香养生园

芳香养生园位于温室最东面，南北长 40 m，东西宽 28.8 m，总面积 1152 m²，为养生文化区，突出养生文化理念，以茶艺养生、芳香植物、茶用植物、药用植物为基础，结合文化典故，以琴、棋、茶、花为传递，以江南传统造园艺术为载体，为游客提供休闲放松场所，使游客处在宁静、幽雅、舒适的自然环境中，达到身心平和、自然统一的意境。

主要展示内容：多种芳香养生植物品种，实现南菜北种，如种植各类芳香蔬菜、茶用植物、药用植物等；芳香植物的栽培方式及种植模式，筛选适宜当地气候的品种及栽培方式。通过园中芳香植物的欣赏、品尝，达到引导人们养生消费理念的目的，最终促进生态园芳香养生植物等园艺植物的产业化发展；并开展芳香养生植物种植技术及管理模式的培新和推广，作为芳香养生植物后续产业化发展的品种、技术、人才储备。

建设内容：本园区为游客提供休憩场所，通过构建水系等，充分展示中式传统造园艺术，展现皇城相府景区独特的养生文化内涵。园区由南门入，过小桥流水，来到我国传统的养生生命符号——太极图坛，游人在此享受太极的魅力。园区以芳香植物、药用植物和茶用植物等三大类植物延续和发展皇城相府景区的养生文化，使游人神清气爽，忘记游玩的疲倦。同时该园区展示三晋大地的农耕文明，展示古老的农家用具石磨、耕犁、织布机等（图 8 – 12、图 8 – 13、图 8 – 14、图 8 – 15）。园区内设有象棋、围棋等，供游客休闲游玩；设有休闲座椅、茶艺表演，游人置身其中，身心宁静；游客还可以在书画室写毛笔字、做对联等，体验梦寐以求的田园牧歌生活。

图 8 – 12　人工景观茶

图 8 – 13　根雕艺术

图 8 – 14　古农具展

图 8 – 15　品茶室内一角

三、案例启示

　　山西阳城县皇城相府养生农业区是皇城相府养生园的重要组成部分，位于整个园区的最北端。园区在设计中选用先进的联栋温室设施，引进新、奇、特的瓜果蔬菜、花卉品种，采用多种先进的种植技术，使游客在休闲养生的同时领略现代农业的风采，感受农业生产的场景，采摘绿色安全的果蔬，使园区成为集休闲性、观赏性、科技性、展示性、示范推广性于一身的综合性现代农业园。

　　皇城相府生态农业观光园的设计是在考虑多种因素（生产、休闲、观赏、科普教育等）的基础上进行的，突出科技、人文和自然。对传统造园手法进行借鉴和升华，打造出步移景异、融于自然的游园效果。观光园在突出现代科技栽培技术和新奇特品种研究的基础上，设计出层次丰富、变化多样的园区景观。动观为游，妙在步移景异；静观为赏，奇在科技展示。而游赏相间，动静交替则园之景致尽入眼中。故漫步园中，景观变化不断，让人体会到科技的魅力、品种的奇特、农业的发展，从而带动当地农业，科技致富，促进农民增收。

第二节　天津杨柳青果蔬博览园

一、整体概况

杨柳青镇位于天津市区的西部，距北京 120km，京杭大运河和海河支流子牙河流经镇区。辖区面积 64km²，人口 11 万，为环渤海的最大乡镇之一。杨柳青历史上为九瘘之地，地处水利交通要地，现镇区 11 条公路干线，京沪铁路以及津同、津福、津静路和京沪高速公路穿镇而过。

果蔬博览园是杨柳青镇规划的旅游带之一。杨柳青镇的农业经济走出单一的传统种植模式，生态型、休闲型、观光型、旅游型农业迅猛发展，成为集农产品采摘、农乐园、垂钓园、农家饭、动物亲触场为一体的农业观光旅游区，每年吸引游客人上百万人次（图 8–16）。

图 8–16　天津杨柳青果蔬博览园

杨柳青镇作为天津市的千年古镇之一，以民风淳朴、风光秀丽、商业发达、文化昌盛而闻名遐迩。有民间流传近四百年的"杨柳青年画"，与杨柳青并誉中外。杨柳青镇有丰富的民间艺术底蕴，起于宋代、兴于明代、盛于清代乾隆年间的杨柳青木版年画，曾出现"家家会点染，户户善丹青"的兴旺景象，被推崇为中国木版年画之首，深刻地影响了国内近百种年画，过年贴年画由此成为北方地区的习俗。杨柳青剪纸、风筝、砖雕、石刻和民间花卉展览馆，是中国民间艺术的瑰宝。

杨柳青镇人文景观、自然景观资源丰富，休闲旅游业发展迅速。著名的旅游观光景点有华北第一民宅——石家大院、平津战役天津前线指挥部旧址、民间年画作坊、华北最大的高尔夫球场、西河风光、万亩果园、普亮宝塔以及新辟景点杨柳青广场、杨柳青文化公园、报恩寺、关帝庙、安氏祠堂、御河人家、明清街、文昌阁、崇文书院等。目前镇内建有多家大型购物场所，使该镇集旅游、商贸、娱乐、餐饮、住宿于一体，成为津西大地上一颗璀璨的明珠。

杨柳青镇农业发展迅速。自 20 世纪 90 年代起实施城郊型经济发展战略以来，蔬菜、林果、鱼肉、禽蛋的生产逐渐形成规模，成为天津市重要农产品生产基地之一。1994 年被评为"天津市菜篮子工程先进单位"。1996 年以来，杨柳青镇加大科技投入，完成大规模基础建设，农业大上规模，效益逐年显著提高。1999 年产业化、集约化水平上了新台阶，建成和完善了 5000 亩商品菜基地、万亩粮田基地、万亩果园基地、特种禽畜养殖基地，发挥了显著效益，坚持"服务城市，富裕农民"的方向，全镇街村全部达到小康水平，其中 14 个街村达到"市级宽裕型小康村"，该镇已进入"市级明星小康乡镇"。而林业的发展，使"杨柳青"更加名副其实，并获"全国绿化先进单位"和"全国造林绿化百强乡（镇）"殊荣。

该镇农作物主要种类有玉米、甘薯、向日葵、花生、蔬菜、果树、药材等，其主栽品种绝大多数为名优特新品种，其中天津特产早酥梨已走出了国门进入东南亚各国水果市场。蔬菜栽培多为日光温室、塑料大棚等设施栽培。西青区是全市重要的农产品生产基地和农业科技示范基地之一。近年来全区农业加快发展，农业结构调整取得显著成效，农业产业化建设取得突破性进展，循环生态农业建设全面启动，全区农业由粗放型逐步向集约型转变。

二、温室景观设计

杨柳青位于天津市生态涵养区，随着全区农业适应市场能力不断增强，杨柳青的农业效益稳步提高，农民收入快速增长。全镇相继建成水产良种繁育、大柳滩林果种苗培育供应、外向型蔬菜加工销售等中心。杨柳青农业生产开始形成了市场引导、龙头带动、基地生产、科技支撑的新格局，建设果蔬博览园、发展高科技生态农业是杨柳青可持续发展的措施之一，果蔬博览园的建设将带动杨柳青镇农业产业化深入发展。

（一）项目背景

2007 年 1 月，天津市政府工作报告中明确指出：天津市坚持把解决好"三农"问题作为重中之重，统筹城乡经济社会发展，以产业化提升农业，提升农业现代化水平。按照沿海都市型农业发展方向，拓展农业功能和领域，加大农业基础设施投入，提升农业综合生产能力，规划和建设果品、蔬菜、水产等十大无公害农产品基地，创建一批知名绿色品牌。2007 年 1 月，西青区政府工作报告中提出：加快标准化、产业化步伐，大力发展现代农业的发展部署，并坚持以高效、生态、品牌为目标，突出地方特色，促进农民增收。杨柳青镇位于西青区西北部，区政府和各委办局所在地，是天津市最大的卫星城镇。在天津市委市政府、西青区委区政府的大力支持下，杨柳青镇人民、镇党委、镇政府肩负全市人民的重托，承担起了建设世界先进、国内领先的果蔬博览园的历史重任。

（二）建设设想

项目建设以抢占农业科技制高点为目标，体现我国蔬菜及园艺业发展的先进水平和观光价值，通过果蔬博览园的建设进行农业新技术和新品种的储备，为杨柳青镇下一步农业产业化发展提供人才和技术保证。

项目建设大力引进和发展名优特稀蔬菜、果树品种和栽培技术，实现高效优质生产的示范作用，促进杨柳青乃至天津的特色园艺产业化发展，同时通过加工贮藏分项目的配套进行，成为农业产业龙头示范园区。

项目区可作为现代农业科技教育培训基地，突出建设中国农业大学、中国农业科学院科技推广展示平台，推进结合新农村建设，培训大批高素质种植技术人才和管理人才，实现新型现代种植模式在杨柳青镇乃至整个天津市的培训与推广。

项目建设可引导人们的生活娱乐观念、旅游方式以及健康养生消费，为杨柳青镇开发新型的休闲、娱乐、观光、餐饮、旅游提供丰富的物质资源，同时深化杨柳青镇旅游形象，丰富和延续杨柳青镇文化内涵，营造天津市富有特色的旅游休闲度假园区。

（三）景观风格定位

景观设计原则：科技与景观艺术的结合；种植与景观艺术的结合；园艺与园林的结合。

景观设计理念：动态变化（随国内外市场及季节变化）；不同的作物品种、色彩和形状；不同的种植模式；不同的景观风格。

景观设计风格：通过蔬菜瓜果产业化思想营造景观，在民族传统景观风格的基础上，努力营造一种与现代科技、现代人文思想相结合的"中式新古典主义"风格，创造一种现代的、科学的、适用于现代农业休闲观光和科技成果展示的景观模式，使这种新型模式能够达到"寓教于景、寓教于学、寓教于乐"的目的。

在空间布局处理上，中国古典园林中造园方法以静景为主，以动景为辅。在本案中，通过一系列手法的熟练运用，创造出各式动静结合的亲水空间，如叠水瀑布、溪流涌泉、镜泊小潭等，既点明了主题，又以水为纽带，使四个温室有机联系起来。根据其功能和造景情况，大致分为以下几部分。

1. 休闲广场（入口）

由正门外的集散空间到室内，各个温室内均留有小型休闲广场，通过各种不同的铺装方法，同室内的长廊、水系等共同形成一幅美妙画卷。整个大门区域部分，空间相互联系密切，过渡自然，更因大门的框景与水榭的空透使室内室外景色浑然一体，恍若天成。众多高科技农产品的栽培，更为其锦上添花（图8－17、图8－18）。

图8－17　禄园长廊景

图8－18　禄园入口"鲤鱼跃龙门"

2. 长廊、小亭

景观温室内的长廊结合地形的变化，随形而弯，依势而筑，形成了层层叠叠的重廊景观，其轮廓鲜明，体量适中，富有诗意；临水凉榭一般位于人工湖边，翼于水面，四围空阔，使园内景观相互呼应、互为借景。"常依曲廊贪看水，不安四壁怕遮山"可谓点明了此景的妙处，此部分是园中主要的室内景区。其制作方法以木制为主，造型上每个园内5~6种，其中的禧园由于主题需要，增加部分竹制长廊、小亭，因为禧园以热带作物为主。廊各有号、亭皆有名，名曰"揽秀"、"陶然"、"醉翁"等，各不同（图8－19）。

图8－19　竹亭景观

3. 蔬菜墙和蔬菜景观小品

进入园中，蔬菜墙和蔬菜景观小品映入眼中，用蔬菜墙模仿中国古典园林中的照壁（图8－20）。照壁是中国古典园林分隔空间的常用手法，一则避免园内景色一览无遗，二则吸引游人，增加游玩兴致，形成曲折迂回的游览路线。园中蔬菜墙制作精美，做工细致。更为巧妙的是设计中打破了传统照壁的一般形式，创造了多种造型（如中间留有门洞），使园内叠水景致、长廊景亭与其浑然一体，可谓"无心画，无字诗"。此一障一漏，匠心独运，既加强了视觉上的层次感，又使得空间处理上有了更大的回旋余地。同时在大环境上融入了山水盆景的制作技巧，使这一传统造园手法得到了发展（图8－21）。

图 8 - 20　蔬菜墙景观　　　　图 8 - 21　禄园蔬菜墙景观

4. 假山瀑布

园中的叠水假山，利用现代工艺筑成小山，山上置瀑，飞珠泻玉。本案中瀑布均层叠而成，动感强烈。山置台阶，人可顺其到山顶，园内景致尽收眼底，此登高之妙也。

本案中山之造型，皆出有名。一般模拟以下名山，以应主题之需。

福园：模拟华山，华山以"奇、险"闻名于世，能够突出福园是新、奇、特、优瓜果蔬菜艺术展示区这一主题。

禄园：模拟泰山。五岳之首，十八盘更是登山必经之路，取科技不断创新、步步高升之意（图 8 - 22）。

寿园：模拟黄山。"五岳归来不看山，黄山归来不看岳"，取其修身养性、延年益寿之意。其风景如画，使游者神清气爽。

禧园：模拟五指山。五指山是海南第一高山，是海南岛的象征，五指山区遍布热带原始森林，层层叠叠，逶迤不尽。禧园以展示南果北种为主，故用五指山（图 8 - 23）。

图 8 - 22　禄园假山水景观　　　　图 8 - 23　禧园假山水景观

5. 园路铺装

园内主要路线宽 2.5m 辅路宽 0.9 ~ 1.5m 不等，这样既可在主路通过时就可以参观大部分景点和种植作物，又可以在特殊情况时及时疏散人群。每个园中铺装方法 5 ~ 6 种，铺装图案选择紧扣每个园区主题的中国传统图案，细细赏玩，相信定有许多感慨（图 8 - 24）。

图 8 – 24　园区道路铺装效果

6. 河流驳岸

水是构成园林的要素之一，也是最活跃的一种。无水不成景，无水不成园。古人云："石令人古，水令人远。园林水石最不可无，要须回环峭拔，安插得宜"。园林因水而活，因水而美。水与其他园林要素一起，富于变化和创新，赋予园林于生机。水体的变化，既创造了园林意境，又提高了造园艺术水平。

本案中四个园区瀑布跌落的水流，涌向卵石为底的蜿蜒小溪，溪水冲击石岸，激起阵阵涟漪，这一动景的载入使整个画面充满生命和活力。水之造型，皆出有名。各园应主题之需模拟以下名水，在具体设计中各取其代表性的一段，在水系中模拟其蜿蜒曲折及水流之势（图 8 – 25）。

图 8 – 25　河流驳岸效果

福园：模拟黄河。黄河是中华民族的母亲河，作为中华文明的发祥地，维系炎黄子孙的血脉，是中华民族之福，能够体现福园的主题。

禄园：模拟海河。海河是中国华北地区主要的大河之一，是天津的象征。其流域所经之处，哺育了无数津门好儿女，无偿地回报着津门儿女。

寿园：模拟长江。长江是我国最长的河流，"我们赞美长江，你是无穷的源泉；我们依恋长江，你有母亲的情怀……"著名的"长江之歌"家喻户晓。

禧园：模拟万泉河。万泉河是海南岛著名大河，发源于五指山。两岸是椰林和蕉园，是中国热带自然生态保存最完整的一条河流，被称为"中国的亚马逊河"，"我爱五指山、我爱万泉河"唱红了全中国。禧园中以种植热带水果为主，所以选择南方的万泉河作为主要水系，能够体现禧园的主题。

7. 蔬菜树

园中蔬菜树树干仿真制作，树叶均用蔬菜组成。园中共有 7～8 棵蔬菜树，在整个园中起到了丰富画面、增加气氛的作用。树树有名，如"峥嵘岁月"、"千锤百炼"、"苍龙探爪"、"五大夫松"等（图 8-26）。

图 8-26　蔬菜树

（四）主题定位

园区设计以"科技、发展、人文、养生"为主题，充分展示国内外名特优稀蔬菜瓜果品种和高科技农业技术。依据区位主体、项目承担主体及社会参与主体对果蔬博览园建设和发展的需求、果蔬博览园总体目标实现要求及领域分析与选择的最终结果，在广泛借鉴我国都市型现代农业园区在加工、物流、商贸、科普、休闲、旅游、景观等功能定位方面的经验的基础上，确定果蔬博览园三大主导功能如下：满足天津乃至全国都市型现代农业发展的科技引导、成果转化、培训示范功能；满足果蔬博览园业务能力拓展的试验转化、规范生产、企业孵化和展示交流功能；满足果蔬博览园与千年古镇特色旅游文化结合的生态观光旅游功能。

按其功能及主题划分为如下四个展示厅：

1. 福园

以展示丰富奇特的瓜果蔬菜种类，并结合不同的栽培管理方式，重点突出展示瓜果在最适条件下的栽培和新、奇、特、优瓜果蔬菜艺术的展示区——品种园（图 8-27）。瓜类：长型丝瓜、蛇瓜、大南瓜、佛手瓜、各种观赏南瓜、香蕉西葫芦、水果黄瓜、袖珍西瓜、各种葫芦等；茄果类：樱桃西红柿、中小果型西红柿、观赏小辣椒、五彩辣、人参果等；叶菜类：各种散叶生菜、羽衣甘蓝、乌塌菜、叶忝菜、香芹、紫背天葵、木耳菜、矮生观赏蔬菜等；根茎类：袖珍萝卜、胡萝卜、牛蒡等。

(1) 金橘南瓜　　　　　　　(2) 金碟南瓜

(3)飞碟瓜　　　　　　　　(4) 羽衣甘蓝

图 8-27　福园瓜果蔬菜品种

品种园总面积 5000m²。该园区定位为品种展示园，以珍奇蔬菜的品种展示为主要内容。功能分区分为奇特瓜果蔬菜种类与中心景观区。

（1）展示国内外珍奇精品蔬菜，如香蕉西葫芦、紫色胡萝卜、各种观赏南瓜等。

（2）展现蔬菜不同管理栽培方式，展示蔬菜在最适条件下的潜力，如大南瓜、蔬菜树等。

（3）中心景观区根据时节举办主题珍奇蔬菜展，不断营造吸引游人的特色景观，满足游客的好奇心理和科普需求。

（4）同时可作为生态园蔬菜营销展示中心，面向游客和天津市场。

2. 禄园

以蔬菜园艺新品种、新技术和各种栽培模式（如各种无土栽培模式：墙式、浮板式、立柱式和管道式无土栽培及蔬菜树）为主的科技展示区——蔬菜科技园。

蔬菜科技园总面积 5000m²。该园区定位为科技展示区，以园艺新优品种为主要载体，以蔬菜树和蔬菜墙造景、瓶园、无土栽培和立体栽培为主要展示方式。

（1）展示国内外新优果蔬品种。

（2）展示目前国内外各种最新栽培方式：有机无土生态栽培、水培和雾培；种植模式：墙式、浮板式、立柱式和管道式无土栽培及蔬菜树等（图8－28）。

(1) 袋培栽培展示   (2) NFT栽培展示

(3) 立柱栽培展示   (4) A型管道栽培展示

(5) 床体栽培展示   (6) 移动管道栽培展示

图8－28　禄园各种栽培方式

3. 寿园

以展示各种药用、芳香保健蔬菜、茶用植物、观食兼用花卉和观赏性强的中药材及中国传统的养生文化为主要内容的芳香园（图8－29）。

寿园总面积5000m²。该园区定位为养生文化区，突出养生文化理念，以各种药用蔬菜、芳香保健蔬菜、茶用植物、观食兼用花卉、观赏性强的中药材为基础，结合文化典故，以琴、棋、茶、花为传递，以江南传统造园艺术为载体，为游客提供悠闲放松场所，使游客处在宁静、幽雅、舒适的自然环境中，达到身心平和、自然统一的意境。

（1）展示多种芳香养生植物品种，实现南菜北种，如种植各种芳香蔬菜、

图 8 - 29　寿园景观

茶用植物、药用植物等。

（2）展示芳香养生植物的栽培方式及种植模式，筛选适应当地气候的品种及栽培方式。

（3）通过园中芳香植物的欣赏、品尝，达到引导人们养生消费理念的目的，最终促进芳香养生植物的产业化发展。同时开展芳香养生植物种植技术及管理模式的培训和推广，作为芳香养生植物后续产业化发展的品种、技术和人才储备。

4. 禧园

以展示南果北种、中外果树精品品种、保护地栽培果树品种和栽培技术为主要内容的果树展示区——热带果树园。禧园总面积 5000m²。该园区定位为南方果树、国外精品果树、保护地栽培果树品种和栽培技术观赏区，以热带、亚热带常绿果树栽培和局部绿色采摘为特色，突出南果北种、中外果树精品、保护地栽培果树品种和栽培技术主题以及热带风情体验，营造硕果累累的丰收景象（图 8 - 30）。

（1）实现南果北种，展示热带、亚热带以及国外精品果树品种，如火龙果、柠檬、柚子、枇杷、菠萝等；展示果树设施栽培品种及技术，实现果树的反季节栽培。

（2）通过品种展示与栽培示范，实现扩大种植规模，发展南果北种、果树设施栽培，将其建设成为天津的绿色无公害热带水果常年供应示范园区。同时完善此园区作为农业科技教育培训基地的科普示范功能。

三、案例启示

（一）项目建设难度大

项目工程量大，与政府协作，投入资金较多，需要高水平的规划设计。另外在项目建设过程中，建设方与承建方是两个最主要的利益相关主体，二者之间关系的协调与否，是项目能否正常进展的关键因素。一方面，建设方要提供良好的环境，包括工作场所、员工人际关系等；另一方面，承建方必

(1) 琉璃苣　　　　　　(2) 香水花

(3) 酸模　　　　　　　(4) 番木瓜

(5) 莲雾　　　　　　　(6) 人参果

图 8 - 30　禧园展示品

须要在规定时间内按照要求提供切实可行的施工设计方案，具体包括工艺、质量标准等方面，尤其是质量标准这一项，缺少明确的质量标准，将会导致频繁的项目返工，从而阻碍项目进度，增加建设成本。

（二）项目存在的主要问题

水质较差，pH8.9；土壤的问题严重，需要足够重视植物生长的生态要求。要使植物能正常生长，一方面是因地制宜，适地适树，使种植植物的生态习性和栽植地点的生态条件基本上能够得到统一；另一方面是为植物正常生长创造适合的生态条件。

（三）后续经营与管理

需要根据时间和季节适时对项目进行调整，保证动态效果。后续经营管理问题尤为重要，项目建设完成以后，紧接着便是后续的经营与管理，这也是农业园区项目能否可持续发展的关键。具体来讲，根据园区项目的性质，建立相应的经营组织机构，着重对产品市场分析、技术研发、生产管理、宣传策划等一系列工作进行有序开展，使园区提供的产品和服务适应当地市场的需求，最终创造更多的财富和价值。

第三节 山东省寿光市蔬菜高科技示范园

一、整体概况

山东省寿光市地处山东半岛中北部，渤海莱州湾南畔，距青岛、济南各150km，海岸线长56km，总面积2180km²，人口100万。寿光历史文化悠久，汉字鼻祖仓颉在这里创造了象形文字，世界上第一部农学巨著《齐民要术》的作者贾思勰就诞生于此，还有秦皇观海、汉武躬耕之说。

寿光市交通方便快捷，农业水平较高。寿光是著名的"中国蔬菜之乡"，农业产业化、标准化、国际化走在了全国前列。寿光蔬菜批发市场是全国的蔬菜集散中心、价格形成中心和信息交流中心。依托蔬菜品牌优势，从1999年起，中国（寿光）国际蔬菜科技博览会于每年的4月20日至5月20日召开（图8-31），这使寿光完成了从区域性蔬菜产地到具有国际性影响的蔬菜产地市场的大跨越，借助举办蔬菜博览会聚集农业新技术、新品种，充分利用各类示范基地搞好试验、示范、推广，推行大棚滴灌、臭氧抑菌、无土栽培等标准化新技术200多项，新发展无土栽培大棚蔬菜3000多亩，蔬菜质量全部达到A级或AA级标准。

首届菜博会在寿光市批发市场举办，充分展示了寿光和国内外蔬菜的优良品种、优质产品，促进了蔬菜产业化、标准化和国际化进程。其经典的创意就是用彩椒、茄子、黄瓜、芹菜、番茄、姜、白菜等常见的蔬菜，经过巧妙的构思，组装成一条立体的东方神龙，造型独特，别具一格。

第二届菜博会，寿光国际会展中心将主会场建在寿光市的蔬菜高科技示范园。这次菜博会主要集中展示了蔬菜生产和加工领域的新成果、新技术。

第三届菜博会以"绿色与科技"为主题，其中增加了温室内部的景观，让温室内的看点丰富了起来。其中典型的景观设计就是老树新姿，用钢骨架、铁丝网和水泥制作成老树的树干，在其枝杈上设计了营养钵固定装置，再配上长势旺盛的绿色植被，就形成了另一种面貌的老树，这凸显了设计者对空间的有效利用。

自第五届菜博会到第八届，展会均以"绿色·科技·未来"为主题，除了集中展示蔬菜及相关产业的最新发展成就、前沿技术和科技成果外，还扩大了实地种植和蔬菜景点制作。小桥流水、绿播五洲、绿色之韵、绿色太极、世纪宝鼎、十二生肖、绿色宫殿、龙跃五洲、菜树林、农圣著书、农家院、绿色畅想、锦绣中华、水木年华、宝岛风光、喜悦、千古绝唱、丹凤朝阳、流金岁月、四季平安、龙船载福、绿色长城、天安门、鲤鱼跳龙门等景点与

(1)　　　　　　　　　　(2)

(3)　　　　　　　　　　(4)

(5)　　　　　　　　　　(6)

图 8-31　中国（寿光）国际蔬菜科技博览会主展区

鲜活展品交相辉映，形成了菜中有景、景中有菜的奇观，吸引了大量的游客，打造了生态农业观光黄金旅游。

第九届菜博会以"现代、科技、希望"为主题，以展览展示为核心，集中展示现代农业尤其是蔬菜及相关产业领域的新品种、新技术、新成果。并且本次展会规模宏大、亮点纷呈、科技含量高、步步胜景，体现了设计者对寿光蔬菜产业的殷切希望和美好祝愿。

二、温室景观设计

以第十一届中国（寿光）国际蔬菜科技博览会为例：第十一届菜博会以"绿色、科技、发展、共享"为主题，以科学发展观为指导，以现代农业成果特别是蔬菜及相关产业的新产品、新技术、新成果的展览展示和交流为主要活动。展区总面积 35 万 m²，设八个展厅（馆）、四个现代化蔬菜大棚和广场展位区。

本届菜博会盛况空前，成效显著，影响深远，呈现出十大特点：

（1）社会各界聚焦关注　展会期间，共有 200 多个重要代表团、186

万人次到会参观。国内外政府机构、科研单位、行业协会、媒体记者、文艺团体、企业商家、农民群众踊跃参会。党和国家领导人王刚、蒋树声、曹刚川等亲临视察，并给予高度评价。

（2）科技成果集中展示　本届菜博会，广泛汇集展示了国内外蔬菜产业领域的最新科技成果，共展示菜果品种2000多个，许多新品种、新技术、新成果都是第一次和观众见面，特别是物联网智能化蔬菜管理系统、植物工厂技术、太空飞碟栽培技术等农业前沿技术以及30多种国内外最先进的蔬菜栽培模式，使菜博会成为集中展示和传播蔬菜前沿技术的大舞台。菜博会主展区蔬菜高科技示范园被科技部授予国家农业科技园区。

（3）蔬菜文化魅力无限　采用蔬菜、果实、种子，利用多种艺术展示手法融合传统历史文化，精心制作了200多个大型蔬菜景观。国内首家以蔬菜及其文化资源为主要保存、展示对象的蔬菜博物馆首次亮相，为寿光蔬菜产业增添了新的文化内涵和历史底蕴。

（4）学术氛围空前浓厚　美国、法国、德国、日本、加拿大及国内科研院所的专家、教授、学者聚集寿光，先后举办了全国肥料产业现状与发展论坛、第二届蔬菜种业高层论坛、中国农业电视节目论坛等系列专题论坛、学术会议，并取得了一系列理论研究成果，成为全面推动经济社会发展的强力支撑。

（5）技术扩散量大面广　本届菜博会，结合农业生产现状，选择优良品种进行对比种植展示，并在各展厅设立个性化展位，服务于参会群众。同时，举办了蔬菜病虫害技术培训班、农业科技大讲堂等，向参会农民群众传授农业科技知识。

（6）会展活力明显增强　韩国、加拿大、美国、瑞士、以色列等30多个国家及台湾、香港地区的3000多家国内外企业参展参会。参展内容涉及农业生产各个领域，并向工业品、房产、书画、物流等其他领域延伸。

（7）经贸交流再度升温　本届菜博会组织开展了大项目签约、第四届山东省肥料信息交流暨产品交易会、首届中国寿光农产品交易会等多种形式、多个领域的经贸活动，为参会客商搭建洽谈、交流、合作的平台。菜博会期间，共签约项目41个，签约额144.7亿元，贸易额160亿元。

（8）商贸服务空前活跃　展会期间，人流、物流、信息流高度汇聚，全市餐饮、住宿、交通、通信等行业十分繁荣，从中获得了巨大实惠。会展已经成为拉动全市现代服务业发展的强大引擎。

（9）文化活动丰富多彩　以纪念农圣贾思勰及其著作《齐民要术》为主要内容的首届中华农圣文化节，组织开展了"中华情"大型文艺演出、国际农圣文化研讨会、"农圣杯"海内外征联大奖赛、中国书法名家邀请展等50

多项文化活动，丰富了菜博会文化内涵，推动了蔬菜与文化的深度融合。

（10）观光旅游业上档升级 本届菜博会的蔬菜艺术景点、蔬菜文化展示以无穷魅力吸引了广大参会者。中国寿光蔬菜博物馆的 12 个展厅各具特色，一步一景，让游客充分领略菜乡风韵和蔬菜文化的独有魅力。蔬菜高科技示范园以特色产业、蔬菜文化为鲜明特点，在带动观光旅游业发展方面实现了新跨越（图 8 - 32）。

图 8 - 32 第十一届中国（寿光）国际蔬菜科技博览会

（一）山东（寿光）蔬菜博览会 1 号厅

一层总面积 51000m²，分序厅、一层展位区和二层展位区。同时，在序厅底层设中国寿光蔬菜博物馆。序厅区设镇（街道）特型展位，并通过图片、视频、展板等，全面展示寿光市在蔬菜产业、蔬菜文化和经济社会发展方面取得的重大成就（图 8 - 33、图 8 - 34）。

图 8 - 33 蔬菜博览会 1 号馆　　　　图 8 - 34 参展的盆栽蔬菜

（二）山东（寿光）蔬菜博览会 2 号厅

总面积 5000m²，为首届寿光百强企业产品展销订货会展区。组织全市100 家大中型企业参展，集中展示寿光企业整体实力，为企业搭建产品展示、洽谈交流、订货销售的平台（图 8 - 35）。

（三）山东（寿光）蔬菜博览会 3 号厅

总面积 13300m²，分南区、北区。南区 3300m²，为南瓜园，集中展示南瓜的多品种、多样性。入口处设巨型南瓜大门，由实地种植的南瓜组成。中

图 8-35　企业展位

心区分高中低三层种植巨型南瓜，园内配以蔬菜景观、园林廊架和蔬菜文化小品。廊架种植以果型奇特美观、颜色鲜艳的南瓜为主，并设计迷宫式通道。园东边设名优稀特南瓜种子展销区。北区 10000m²，为百果园，以南方常绿果树为主，搭配北方落叶果树和沙漠植物。展示效果好的果树成片种植，形成有群体优势的小园，会期硕果累累，满园飘香，可供常年参观。园内穿插造型各异的观赏南瓜廊架、小型水上景观和民俗艺术展位，使整个展厅更加新颖和灵活（图 8-36）。

(1) 集萃苑入口　　　　　　　(2) 水上景观

(3) 瓜类长廊　　　　　　　(4) 南方果树

图 8-36　山东（寿光）蔬菜博览会 3 号厅

（四）山东（寿光）蔬菜博览会 4 号厅

面积 3300m²，集工厂化育苗展示、蔬菜花卉盆景、有机蔬菜展销于一体，既可以参观现代化育苗技术，又能满足观众购物需求（图 8-37）。

（五）山东（寿光）蔬菜博览会 5 号厅

总面积 10000m²，为蔬菜多品种种植展示厅，分优质高产品种展示区、示范推广品种展示区、名优稀特品种展示区三部分。优质高产品种按品种特性分片，对比种植。同时，应用嫁接、造型等多种技术手段突出展览效果。展示效果好的示范推广品种、名优稀特品种以及往届特别引人注目的品种，如茄子树、番茄树、特大吊瓜、五指茄等在显要位置突出体现。中心假山区扩大假山周围通道，在假山四面和通道周围分别设计制作蔬菜景观，与中心假山融为一体，形成独具特色的蔬菜文化景观区。穿插厅内独具特色的蔬菜小品景点，设置蔬菜种植技术咨询推广区，集专家咨询、远程诊断、产品销售于一体，为参会农民提供种植技术、病虫害防治等配套服务（图8-38）。

(1) 工厂化育苗　　　　(2) 待售苗

图8-37　山东（寿光）蔬菜博览会4号厅

(1) 茄子树　　　　(2) 番茄树

(3) 五指茄　　　　(4) 嫁接技术

(5) 品种展示　　　　(6) 景观节点

图8-38　山东（寿光）蔬菜博览会5号厅

（六）山东（寿光）蔬菜博览会 6 号厅

总面积 10000m²。其中，西侧 4000m²，为第二届寿光房地产展示交易会展区。房交会结束后实施越夏种植，主要无土栽培各种茄果蔬菜和时令叶菜，供游客常年参观。东侧 6000m²，为具有田园风格和南方风情的生态餐厅（图8－39）。

（1）蔬菜种植　　　　　　　　（2）无土栽培

图 8－39　山东（寿光）蔬菜博览会 6 号厅

（七）山东（寿光）蔬菜博览会 7 号厅

总面积 10000m²，为蔬菜高科技种植展示厅，以树式栽培、管道栽培、植物工厂及其他无土栽培模式为主，集中展示现代化高科技栽培模式。该厅东侧为一年生和多年生特大红薯树，东侧中心位置为转动式雾培展示区，周边分别栽培不同品种蔬菜树。东北侧为红薯树联合种植模式区，采用不定根诱导、侧枝逆向生根、嫁接等技术手段，使多棵红薯成为一个庞大的组合体。厅中间位置为植物工厂，中间设透明参观通道，观众能直观地观察植物工厂中的作物生长情况。植物工厂周边栽培不同品种菜树。西侧为特大西红柿树栽培区，采用不定根系诱导、一冠多根等技术，确保单株面积达 100m² 以上。厅内进一步考察引进和创造新的种植模式，如滚筒式植物工厂、家庭植物工厂、雾培葡萄、套管山药和牛蒡、荧光蔬菜种植等，并利用各种嫁接技术体现一株多果、一株多色、多株一果的效果。厅内所有廊架、围墙全部为管道组合。厅西边设高新技术推广专区，展销各类农业技术光盘和高新技术资料（图 8－40）。

（八）山东（寿光）蔬菜博览会 8 号厅

总面积 10000m²，为蔬菜景观展示厅。该厅融合传统历史文化，设计制作兼具文化品位与观赏性的蔬菜文化艺术景点，并搭配众多艺术小品和地被蔬菜。厅内蔬菜景观主题鲜明，构思巧妙，形式夸张，大气磅礴，引人入胜，充分体现蔬菜文化艺术的魅力。东北角设旅游纪念品、文化用品及花卉盆景展销区（图 8－41）。

(1) 空中番薯　　　　　　(2) 无土栽培

(3) 空中牛蒡　　　　　　(4) 植物工厂

(5) 滚筒式植物工厂　　　(6) 家庭植物工厂

图 8-40　山东（寿光）蔬菜博览会 7 号厅

(1) 和谐共生景观小品　　(2) 景观节点

(3) 景观节点　　　　　　(4) 景观节点

图 8-41　山东（寿光）蔬菜博览会 8 号厅

（九）山东（寿光）蔬菜博览会9～12号厅

每厅面积3600m²，为蔬菜品种集约化种植对比展示厅。选择国内外优质蔬菜品种分类对比种植，充分展现不同蔬菜品种的优良特性，参会观众可选择适合自己的优良品种（图8－42）。

蔬菜品种集约化展示　　　　　　一边倒桃树栽培展示

图8－42　山东（寿光）蔬菜博览会9～12号厅

三、案例启示

菜博会的一大亮点是创新展览形式、展示现代观光农业风采。菜博会上，汇集国内外名优稀特品种，以实物展品和多种模式的实地栽培为主，兼有标本展示、展板宣传、影视播映、现场解说和现场操作等形式，全方位立体展示蔬菜及其他农产品的生产、加工、销售等过程，充分体现蔬菜生产的高科技含量。此外，展现蔬菜文化风韵是菜博会的一大特色。菜博会期间，除依托寿光的文化资源优势，举行规模盛大的开幕式及大型文艺演出外，还举办蔬菜文化艺术节，开展一系列独具"菜乡"特色的活动。同时，大会还邀请国内外知名专家、学者、教授和各县（市）长，召开县域经济发展论坛、贾思勰农学思想研讨会、首届世界蔬菜论坛和农资对接会等众多"会中会"，进一步拓宽会展内涵。寿光市蔬菜高科技示范园的景观节点设计也不断创新，不断融合各种元素，逐渐发展成了独具特色的创新之路，可借鉴之处颇多。

（一）绿色效应：塑造新型农民

菜博会成为了农民开阔眼界、开启思路、引进品种、学习技术的科技大课堂。在菜博会上，参与热情最高的是农民，观看最仔细的是农民，收益最大的也是农民。菜博会是农民学习的"科技圣地"，引领着一轮又一轮的创新热潮：实验室里的无土栽培已成燎原之势；作物组培、植物克隆等先进生产技术已成功实施；工厂化育苗引领种苗产业走向更高层次……菜博会把崭新的国际交流平台搬到寿光的乡间阡陌，培养农民经营农业、驾驭市场的心态和境界。在寿光，菜博会自始至终得到广大农民的积极响应，许多农民在会上展示自己的产品，谈论自己的创造，结识了众多外商客户，学会了与外商打交道，谈项目，抓订单，把产品打入更为广阔的市场。如今，农民紧密把握最新市场脉搏，不断提高组织化程度，发展各类购销公司、经纪公司、运销专业户等中介组织 1.7 万个，流通大军 10 万人，有 80% 的农户进入农业产业化经营体系，农产品商品化率达到了 90% 以上。

（二）文化效应：发展生态农业观光游

蔬菜艺术景点一直是历届菜博会最吸引观众的亮点，第八届菜博会上 30 万盆、2000 多种名优稀特蔬菜、花卉和果树等组成了面积达 20000m² 的 300 多个蔬菜景点，每个景点都把蔬菜文化体现得淋漓尽致。如"绿色腾飞"、"南国风光"、"八仙过海"、"激情蔬菜"、农家院景区、巨人南瓜观赏带等多个巧妙设计的蔬菜景点，特别是 8 号展厅集蔬菜瓜果花卉精品与景观景点文化艺术为一体的绿色生态园林观光厅，为广大游客带来了耳目一新的视觉感受，仅开幕首日就迎来 8.1 万游客。目前建成的弥河观光带已与蔬菜高科技示范园形成了一个整体布局，寿光生态农业观光旅游市场潜力巨大。

（三）辐射效应：推动现代农业

菜博会的精心创意向世人展示了"中国蔬菜之乡"的迷人风采，让人们近距离感受到现代农业的独特魅力。

菜博会开辟了"效益空间"，科技农业蓬勃发展。菜博会把推广应用农业先进技术作为主要内容，集中展示了蔬菜及相关产业的发展成就、前沿技术、最新成果和发展前景。近几年，寿光已先后引进了 200 多项国内外新技术、1000 多个新品种和 30 多种种植新模式，农业先进技术和良种的覆盖率分别达到 95% 和 98%，科技进步对农业增长的贡献率达到 65%。

菜博会叫响"寿光品牌"，蔬菜成为寿光的"亮丽品牌"，而菜博会则让这一品牌释放出"超越绿色"的巨大能量。从区域性展会到国际性展会的跨越，菜博会已成为知名的世界性农业展会，寿光蔬菜源源不断地走向国际市场。目前，已有 215 种农产品获得国家优质农产品标志，畅销全国 200 多个大中城市，并出口到 30 多个国家和地区。

第四节　北京市通州国际都市农业科技园

一、整体概况

北京市通州国际都市农业科技园位于北京市通州区潞城镇东南部，总规

划面积 10000 亩，距离通州中心区约 10km，距离首都 CBD 商务区约
25km。周边有京哈高速、北京六环高速等交通干线贯穿镇域，与北京城
市中心有便捷的城市干道及轨道交通连接，地理区位优越，交通便捷
（图 8 - 43）。

图 8 - 43　园区地理位置

园区依靠首都北京的区位优势、科技优势、人才优势和信息优势，以
"聚人才，建平台"为目标，以集聚国内外先进农业技术、产品及人才和引进
北京各大农业高等院校及全国涉农研究机构的科研项目为特色，以创新发展
为灵魂，以技术孵化为手段，大力发展现代农业高端服务业，培育发展国际
水平的示范农业产业集群，使园区建设成为国内领先、国际知名的现代都市
农业科技产业孵化园区，并成为北京市农业科技成果转化、实用技术人才培
训基地和国际设施农业展示示范基地。

中国农业大学富通园艺"科荟园"，又称中国农业大学富通园艺通州都市
农业示范基地（下文简称基地），位于通州国际都市农业园农业科技展示区中
心地带，属于园区建设一期工程的核心项目（图 8 - 44）。

图 8 - 44　中国农业大学富通园艺通州都市农业示范基地

基地紧紧围绕都市农业、设施农业、观光农业、高效农业等现代农业发
展重点，坚持科研与产业发展双赢的工作思路，使其成为农业产业辐射以及
农业科学成果转化、技术展示、创新机制、培训农民的孵化器。基地充分利

用自然资源与经济林果优势，在建设以科技示范为主的研发机构的同时，因地制宜发展观光旅游农业，并以此为契机，建立和完善向行业和社会开放共享的机制，不仅成为公司科技研发、生产示范、高新技术展示的窗口，也是公司服务农业、服务农村、服务农民的推广平台。

基地现状：通州现代农业示范基地于 2009 年年初开始建设，现已建成葡萄、樱桃等经济林果及蔬菜、花卉良种试验示范园 200 余亩，蔬菜规模生产示范区 300 余亩，以及单体塑料冷棚 237 栋、双层充气连栋温室 1 栋、双层膜鸟巢温室 1 栋、高标准节能日光温室 8 栋，拟建常温保鲜冷库、气调冷库、预冷间、制冰间和包装车间（图 8－45）。

图 8－45　基地现状展示

农业发展现状：潞城镇现代都市农业产业集群发展已经初步形成。在2005 年年底，镇域设施农业面积就已达 2297.3 亩，其中温室 1315.8 亩，占57.3%。同时，潞城镇食品工业区发展迅速，为解决当地剩余劳动力、提高农民收入起到了重要的作用。休闲观光农业近几年快速兴起，使都市农业的生产、生态、生活功能得到初步体现。现代都市农业产业体系的初步形成为项目区发展提供了良好的基础。

二、鸟巢温室景观设计

（一）项目分析

通州现代农业示范基地紧密围绕都市农业、设施农业、观光农业、高效农业等现代农业发展的热点，坚持科研与产业发展"双赢"的工作思路，聚集中国农业大学、中国农业科学院、北京市农林科学院、北京林业大学等高等院校、科研院所数十多位专家学者的科研成果，以生产示范、科研试验、观光采摘、技术服务为工作重点，以品种更新、技术集成、设施提高为开发内容，不断引进和完善现代化的高效园艺技术，加大科技成果转化和技术辐射力度，占领农业产业链高端环节，逐步打造国内一流的农业推广平台。

（二）项目背景

为了适应首都现代都市农业的快速发展，充分发挥北京科技、人才、信息、市场等优势，进一步提高通州区现代都市农业发展水平，统筹城乡产业发展，服务通州国际新城建设，借鉴国外现代都市农业发展经验，通州区政府决定建设通州国际都市农业科技园。

项目区通过国内外先进农业科技的展示引进，农业科研机构的集聚，产学研推一体化平台的构建，农业科技服务体系的创新，将促进当地的农业设施装备、农业科学技术、现代产业体系、农民素质、发展理念、经营模式等发展水平的提高。

（三）项目建设设想

通过对国内外现代都市农业发展现状分析可知，我国现代都市农业虽然发展迅速，具有一定的优势，但是由于技术、科研水平、产业体系等方面还不够完善，也面临着以下问题与挑战：都市农业起步较晚，相关研究成果较少；农业科研创新与技术转化能力弱，科技应用较少；农民尚未有效地组织起来，市场化能力弱；尚未实现城乡双向互动，城乡信息严重不对称；农业产业化和空间组织分散化的矛盾日益加深；尚无有效的多利益群体参与平台；农业生态价值衡量与补偿机制尚需加强。

因此，对于园区的发展，首先要加强国际之间的合作强度，引进国外科技成果、人才、技术等，构建中外农业合作交流平台；其次，汇集农业科研机构，促进产学研一体化平台的构建和农业科技向全国的孵化推广；再次，集聚国内外先进农业技术及产品，培育发展示范农业产业集群；最后，进一步探索农业经济发展新模式，构建农业科技服务体系。

（四）园区景观风格定位

景观设计原则：科技与艺术相结合；都市生活与农业发展相结合；景观与实用相结合。

景观设计理念：真正实现"科学技术为第一生产力"，做到科学的也是美好的，将科技与景观做到完美结合，做到"更新、更高、更强"。

景观设计风格：通过鸟巢温室的独特外形显示出其景观营造的独特性，打破传统连栋温室四四方方的造型，内部围绕圆心设置景观，运用造型变化展示科技成果，应用高大的树式栽培表现科技发展的蒸蒸日上、日新月异，所有设施安排及景观营造均以体现"更新、更高、更强"的理念为目标（图8-46）。

（五）鸟巢温室结构

鸟巢温室结构奇特、造型新颖，是几何数学、物理力学、生物生态学、建筑学等学科综合交叉的成果。空间结构的科学设计，以自然调控为主体，充分发挥结构的最大效用与能源的充分利用，从而达到节能省地与节水的综合

图8-46　鸟巢温室展示

效果，是符合生态理念、人与自然和谐共生的前沿科技成果。

鸟巢温室结构与建设综合利用了多门学科与技术，具体表现在：鸟巢温室具有最小的表面积与最大的空间利用率，形成了最优的抗压性与稳固性，因此温室内部没有任何支撑结构，形成了鸟巢内空旷无阻碍的环境条件；由于热聚顶效应，鸟巢顶部的无动力风机和周边的温度控制自动开窗系统可以根据鸟巢内温度变化自动通风换气、调节温度，因而具有良好的散热性和资源节约性；鸟巢具有全方位无遮拦的透光效果，更有利于植物进行光合作用；温室建设使用钢材料做骨架，形成一个巨大的电磁波屏蔽系统，既可以聚集宇宙能量又能防止其他电磁波干扰植物生长，同时，球形空间有利于声频、静电等波纹的传送，从而达到最佳处理效果；鸟巢温室使用短截钢管三角形连接构建，具有最强的表面张力，达到了保障稳固性和节省材料相统一的目的，更是形成了巨大温室空间，效果显著（图8-47）。

鸟巢温室主体建设采用多项技术，达到了科技性与实用性的完美融合，具体表现如下：顶部的无动力风机，利用烟囱效应实现通风换气，避免了驱动系统的资源消耗，也不需要消耗任何人工；鸟巢周边设置开窗系统，在空气对流时，以利吸进冷风，而且通风口的开启与关闭采用蜡质膨胀式自动拉杆或记忆弹簧，当温度升高时，拉杆内的蜡质填充包遇热膨胀而顶开门窗，当温度下降收缩则自动关闭。顶部出风口的设计也可以运用热膨胀顶杆，以开启顶窗，当然也可用记忆弹簧。此外，使用肥皂泡进行温室保温。肥皂泡具有良好的绝缘性，在气泡平均直径为0.6~1cm的情况下，一个气泡相当于一层玻璃，50cm厚的肥皂泡就可以达到隔热 R 值为40的绝缘效应，可与数十层玻璃的保温效果相媲美，大大降低了冬季加温与夏季降温成本，节能率可达80%~90%，而且夏天具有良好的遮光性和节能环保循环性、广泛的区域适应性和灵活性等（图8-48）。

图8-47　鸟巢温室的钢管骨架

图8-48　鸟巢温室整体构架

（六）温室内部景观

鸟巢温室作为科技成果的集大成者，内部景观设置自然也离不开科技二字，如何科学合理配置种植设施成为头等大事。安排布置设施和植物时既要考虑科技含量又要有景观效果。

（1）气雾培设施　气雾培由于科技水平高、空间利用合理、造型美观等原因，在鸟巢温室中得到了广泛应用，既可以种植生长期较短的叶菜类，也有充足的空间种植果菜（详细内容参见本书第七章）。而且塔形雾培造型婉转变化，围绕中心层次合理，构成水波状蔓延开来，具有良好的景观效果（图8-49）。

（2）多层水培设施　多层水培设施是由中国农业大学刘德旺教授最新研制而成，具有外形美观、单位面积产量大、方便调节、易于造型等优点，在基地的鸟巢温室中得到了广泛应用，取得了很好的景观与栽培效果（图8-50），适于大面积推广（详细内容参见本书第七章）。

图8-49　塔形雾培展示　　　　　图8-50　多层水培展示

（3）钢结构树　围绕中心布置四根巨型钢管骨架树形结构，既可以种植番茄王、红薯王等，也可作挂盆生长，极大地提高了空间利用率，而且便于组合造型，搭配多种植物充实景观效果好（图8-51）。

（4）中心撑柱与人工瀑布　温室中心撑柱水体与撑柱表面的三环种植槽构建鱼菜共生系统，可以与温室最外环的种植槽形成循环，实现养鱼不换水、种植不施肥的生态效果；顶部设有雾化喷头和人工瀑布，主要功能是通过水循环增加池内氧气含量，同时降低室内温度。整体造型美观大气，又不会给人造成压迫感，强烈地体现出了科技的无穷力量（图8-52）。

图8-51　钢结构树展示　　　　　图8-52　中心撑柱

（5）鱼菜共生系统　该系统不但可以生产出绿色健康、未受到任何污染的水产品，而且能够获得鲜嫩可口的有机蔬菜，可谓一举两得。蔬菜种植使用浮板栽培，远观犹如一艘艘翠绿的小舟，载着满满的绿色在水中飘荡，水下，各种鱼虾欢快畅游，二者共生，和谐相处，构成了一幅美妙画卷（图8-53）。

鸟巢温室空间较大，设计精美，农业元素丰富，同时内部可适当开辟区域，作为休憩饮茶之所，围绕中心水池安置几张茶桌，供游人小坐，享受最为舒适的温湿度环境，放松身心，逃离城市喧嚣，用满眼的绿色唤起无限的希望与信心（图8-54）。

图8-53　鱼菜共生展示　　　　　图8-54　茶座

三、案例启示

异形温室景观效果好，整体容易抓住眼球。鸟巢温室利用其独特的半球形外观，在众多文洛型连栋温室中脱颖而出，整体造景效果好。

生态环保效果好：鸟巢温室多处使用无动力设备，借助自然的力量进行温室环境调节，这是未来农业的发展方向，具有极好的推广示范作用。

造型多样的设施设备：富有变化性，能够适应不同的环境布置，是今后新型设施研发的方向。鸟巢温室内塔形雾培和多层水培都具有这种特性，摒弃了传统的四边形规则式，能够围绕中心水池呈波纹状涟漪开来，层层相通的景观效果得以完美展现。

由于球形结构具有很好的聚光效果，为冬季解决了供暖问题，但夏季升温很快，短时间内棚内温度即能达到40℃左右，需注意及时通风和降温。

第五节　山西大禾现代生态农业科技示范园

一、整体概况

项目区位于太原市清徐县徐沟镇西楚王村，核心区面积为782亩。清徐县位于山西省中部，是省城太原的南大门。208 和 307 两条国道、青银高速公路和正在建设中的太中银铁路穿境而过，交通便利（图 8 - 55）。

图 8 - 55　山西大禾现代生态农业科技示范园区位图

园区坚持高起点、高标准规划与建设，融入现代农业新理念，积极引进现代农业高新技术，结合新农村建设，充分发挥农业多功能性，大力发展高效观光农业，创建农业品牌，实现园林与园艺的完美结合。争取三年内核心园区基本实现空间布局合理、功能多元表达、产业优化发展、市场目标明确、经济效益显著、生态环境安全、人与自然和谐的阶段性目标，五年内成为山西省内领先、国内一流的农业休闲观光生态园区，同时将其打造成国家土地流转试点县和改革的样板。

结合基地土地利用现状、农业资源分布、现有产业布局以及规划原则、功能定位等，确定了大禾现代农业示范基地采取农业圈层式发展模式，即以现代农业示范核心区为核心，构建高效果蔬生产示范区，逐步辐射设施果蔬生产带动区（图 8 - 56）。

园区有以下三大功能：

（1）高效生产示范功能　基地利用现代农业高新科技成果和设施装备，采用现代农业设施技术，选用新、优、特品种，从播种、育苗、定植、病虫害防治、肥水管理到果蔬的采收包装等一系列过程均采用标准化、规范化生产。采用现代生产、加工、营销方式，为周边城乡居民提供优质、安全、卫生以及丰富多样的农产品。

（2）旅游休闲观光功能　通过城市旅游业向农业领域的延伸，开发果蔬的种植、采摘、餐饮、观光、休闲等特色农业旅游产业，实现农业的多功能发展。为城乡居民观光、休闲、度假提供宁静、清新、优美的田园风景和生

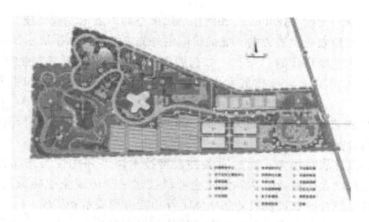

图 8 - 56　山西大禾现代生态农业科技示范园总平面图

态环境，满足人们回归自然、享受宁静、安逸生活的心理和多层次、多元化的消费需求，提高城乡居民的生活质量。

（3）农民培训功能　"农业发展靠农民"，基地将面向清徐县农民提供集约化的技术示范，建设成为科研成果转化与农业新技术服务科技培训中心，带领清徐县、太原市以及周边地区广大农民依靠科技走上致富之路，为建设社会主义新农村做出应有的贡献，成为科技成果与农民生产之间重要的纽带。

园区规划建设连栋温室五栋，占地面积约 11000m²。每栋温室 48m × 38.4m，五栋连栋温室南侧连接宽 8m、长 250m 的长廊。五栋温室中 3 个为观光温室，2 个为育苗温室，为园区及周边农户提供优质蔬菜种苗。观光温室主题上位规划已经确定，分别为南果风情、农艺新科和百花艺苑。

二、温室景观设计

（一）存在的问题和挑战及相应的战略设计思考

1. "南果风情"在设计中需要应对的三大问题和挑战

（1）空间尺度　1840m²，如何在小尺度空间内展示南果风情？

（2）果树种植的南北差异化　如何将南方果树在园区更好展示，解决南方果树的适应性问题？

（3）园区与景观的关联度　如何将连栋温室内部建设与园区的整体发展相结合？

总体设计战略思考：通过对各种栽培技术体系和优良园艺品种的展示，引发人类对农业的重视，达到深化企业科技水平和体现企业能力的目的，并使社会科普教育、农资发展动态和休闲等功能得到展示和实现。

2. "农艺新科"在设计中应对的五大问题和挑战

（1）空间尺度 1840m²，如何在小尺度空间内展示农业科技？

（2）当地农业发展方向 如何将国内外先进的科技水平展示于山西大禾？

（3）农艺新科园的"新" 如何展现"新"一轮的未来农业？

（4）休闲功能与科技展示的融合 如何巧妙地让科技农业形成休闲景观？

（5）农艺新科与园区的关联度 如何将连栋温室内部建设与园区的整体发展相结合？

总体设计战略思考：通过对各种栽培技术体系和优良园艺品种的展示，引发人类对农业的重视，达到深化企业科技水平和体现企业能力的目的，并使社会科普教育、农资发展动态和休闲等功能得到展示和实现。

3. "百花艺苑"在设计中应对的四大问题和挑战

（1）空间尺度 1840 m²，如何在小尺度空间内达到高展示度？

（2）当地农业的发展方向 如何带动高效益花卉产业的地方发展？

（3）互动参与项目的有效结合 如何吸引游客多次观光游览园区？

（4）百花艺苑与园区的关联度 如何将连栋温室内部建设与园区的整体发展相结合？

总体设计战略思考：通过对各种花卉艺术、花卉品种的展示，特别是园区花卉产业的艺术展示，促进花卉产业发展，探索开发企业从生产到销售的新型产销模式。

（二）概念设计

总体的定位：生态、科技、传承、发展。

"南果风情"设计概念：景观建设凝聚万物自然生存哲理、低碳环保造景艺术、参与互动休闲理念，使游人在进入园区的片刻中体味南果风味。

"农艺新科"设计概念：园区以水为主要设计元素，水为万物之灵，寓意"高科技、现代化"的农业栽培同样是万物之灵。

"百花艺苑"设计概念：园区设计以简洁的空间为背景，分区域高度彰显不同花卉艺术形式，促使人们在艺术的长河中品味生活，在社会的发展中追求绿色。

（三）方案设计对策

针对以上问题和挑战，经过概念设计整合，"南果风情"提出以下六大设计对策：①选择南方代表性设计元素，如香蕉林、竹楼、沙滩；②选择适宜性品种，如莲雾、木瓜等放大展示空间；③选择果实新、奇、特品种，增加展示度；④建成后达到有景可赏、有果可摘，使游人在南果风韵的寸景中放松心情，在新鲜甜美的果实中品味人生；⑤通过品种展示与栽培示范，发展南果北种产业；⑥推广南果北种低碳技术体系（图8-57）。

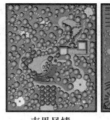  

南果风情　　　　农艺新科　　　　百花艺苑

图 8 - 57　景观温室平面

"农艺新科"提出以下五大设计对策：①纵向展示农业科技，达到小空间、高展示度的目的；②选择水培为主，一方面突出水与人类的密切关系，另一方面突出农业的高速发展，展现人类的智慧精华；③通过新型的栽培形式、技术体系、园艺与景观的新型融合、自然发展哲思等展示农艺科技的"新"；④休闲区的海螺设计，映射科技的海螺效应在大禾中开启；⑤景观设计元素上充分利用园区内已有园艺材料，如花盆、核桃、桃核、杏核和各色蔬菜种子等，达到低碳和园区统一的效果。

"百花艺苑"提出以下五大设计对策：①突出园区四大名贵花卉：蝴蝶兰、大花蕙兰、红掌和凤梨；②选择适宜性优良品种，要求适宜西北种植且品种优异；③多角度营造花卉艺术，扩展应用和教育空间；④打造花文化氛围，引导精神的享受；⑤通过品种展示与栽培示范，发展花卉产业。

（四）方案设计

1. 南果风情

南果风情共设 10 个景点，分别为迎宾树阵（彩色插图 23）、别有洞天、企人合一、摘香楼、跌水清泉、雨打芭蕉、休闲长廊、迎宾景墙、沙滩小憩、红豆相思，每个景点占地近 200m²，按游览线路设计景点，水、路、林、亭融为一体。

道路设计采用自然式，与主题相融合，贴近自然休闲环境，园区主道路宽 1.5m，铺装材料主要为青石板结合雨花石，古朴、自然、亲切。入口"鼓舞"广场、迎宾树阵，让游人踏入的瞬间即感觉到异国风情的氛围，带入新的旅途胜景。

迎宾树阵植物采用国王椰子，其树型优美，叶片舒展似羽毛，飘逸而轻盈，树干粗壮，坚挺而有力量之感。

鼓舞广场，鼓是精神的象征，舞是力量的表现，鼓舞结合开舞蹈文化之先河。按古文献记载，最早的鼓是进入陶器时代用陶土烧制的"土鼓"，土鼓标志着农耕文化型舞蹈之开端。《周易》中有："鼓之舞之以尽神"。进门处采用晋南花鼓为元素塑造小广场地面，并在两侧设置高为 200cm 的高台，雕刻动物、植物的艺术图案，寓意生态农业发展与地球生命共舞（图 8 – 58、图 8 – 59）。

图 8 – 58　鼓

图 8 – 59　鼓舞广场平面图

与树阵对应的是端景石墙，采用文化石垒砌方式，中部镂空，与沙滩上的热带植物形成框景，在藏与露之间，引导游人前行，景墙配合水景设计，增加灵动性。

别有洞天区域主要展现精致的盆栽果树，树林间游人转而忽见的每盆果树自成一景，都是中华艺术魅力与园艺的完美结合。区域设置木亭，供游人细致玩赏和休息。入亭之前，循环此处，地面采用代表中华传统文化的松、竹、梅样式地砖铺装，营造文化氛围。

摘香楼，与休闲功能空间相结合，整体以吊脚竹楼的形式设计，展现热带的风土人情。竹楼设计赏香台，游人可以近距离感受丰收果品，达到可观、可闻、可品；吊桥的设计则增加了竹楼的趣味性（图 8 – 60）。

图 8 – 60　摘香楼

跌石清泉为假山结合跌水设计，假山为石材堆砌而成。为增加园区灵性，池边种植芭蕉呼应，形成雨打芭蕉。水系边缘为石材驳岸，在岸边种植各种热带果树，形成热带自然风光。

雕塑，采用不锈钢和植物造型相结合的手法，刚柔之间体现独特寓意，寓意企业不断发展壮大，不断发展、创新的美好未来。

沙滩风情，海边人家，以渔为业，以海为生。沙滩飘动着渔业人生景观——渔网、蓑衣、渔船，河岸婆娑的椰树蜿蜒入水。环绕沙滩风情设置休闲廊架，一方面阻隔内外不同风格空间景观，另一方面形成交通观光廊道，以防腐木为主要建筑材料（图8-61、图8-62）。

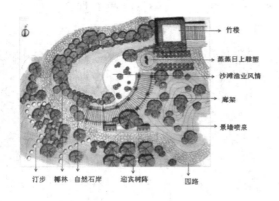

竹楼

蒸蒸日上雕塑

沙滩渔业风情

廊架

景墙喷泉

汀步 椰林 自然石岸 迎宾树阵 园路

图8-61 沙滩风情

图8-62 沙滩风情

"红豆生南国……此物最相思"。设置相思谷休息广场，广场中部放置以红豆为主要材料的雕塑造型，雕塑下设置配景花坛，花坛为黑色大理石贴面，周边为防腐木座椅，半围合空间，形成梅花基底，圆形汀步设计，上部绘制松、竹、梅等图案，形成雅致、温馨的情感空间布局。

植物搭配是温室主题园一项非常重要的内容，也是温室的核心内容。植物选择以南方果树为主，选择新、奇、特品种，主要有神秘果、无花果、荔枝、龙眼、人心果、嘉宝果、枇杷、番石榴、莲雾、水蒲桃、番木瓜、芒果、杨桃、香蕉、柠檬等。这里的每个品种都承载着不同的故事和特点，如神秘果是我国珍贵树种，其果实有特殊的功能，可以改变人们的味觉，吃过酸、辣、苦、咸的食物之后，嚼上几口神秘果，立刻变成甜的味道。绿植主要有椰子、鸡蛋花、变叶木、凤梨、红掌、鹿角蕨、鸟巢蕨、竹芋类、鹅掌柴、八角金盘、春雨、龟背竹、袖珍椰子等。藤本植物主要选择飘香藤、百香果等。

2. 农艺新科

农艺新科设计10个景点区域，由NFT水培、墙体栽培、传承明天、立式移动管道栽培、A 型管道栽培、槽型栽培、听泉轩、听泉廊、箱式栽培、细叶菜立体水培、万物源广场、芳香植物区、幽浪池、世博农业、萌芽广场、休闲廊、奇异廊、栽培新科、墙体栽培、床体栽培、迎宾柱、彩漂河、螺旋形管道栽培、"莫高石窟"等 20 多个景点组成，每个景区近 200m^2。

园区以水为元素展开设计，与园艺立体水培技术、园艺品种、园艺技术相结合，打造温室主题。道路借用水滴之形，一级道路宽 1.5m，主要采用大理石碎拼，形成园区的游览环线。幽浪池采用浪花之形，以镜水之态，韵合万物。在各景点设计时，也紧紧围绕水这一主题进行展示。入口迎宾水培柱与竹牌楼（图 8 - 63），立柱式管道栽培，采用环形元素设计，左右两侧弧形的墙体栽培和地脚的彩漂河（图 8 - 64）使得入口整体效果有拥抱之感，打造繁荣、热烈的欢腾气氛，让蔬菜的气息迎面而至，广迎四方来客。

图 8 - 63　农艺新科入口　　　　　　　图 8 - 64　入口蔬菜景墙

沿一级道路设计"传承明天"景观，即采用立体管道水培的形式，北高南低，以高差为 0.4m 形成逐渐下降的环形设计，寓意农业科技不断发展壮大。结合设计种植乌踏菜、生菜等各色叶菜，形成线性景观隔离带。其内侧采用水晕设计元素，设计多层弧形槽式栽培，用以展示茄果类蔬菜新品种，如茄子、黄瓜、西红柿，与设计主题呼应，园区的农业科技不断影响着周边、地方的发展（图 8 - 65）。

温室的东北角设置听泉轩、听泉廊。听泉轩采用竹质材料，亭子地面为竹台铺设，中部设置海螺雕塑喷泉，可发出泉水叮咚之音，寓意企业的发展如海螺效益般越做越强。听泉廊与听泉轩在景观上相呼应，又形成交通廊道，与外界相隔，阻碍视线。材料以竹子为主。廊架结合新、奇、特爬藤植物，达到科普教育的功能（图 8 - 66）。

温室西侧以世博会中国馆的造型为题材，再现"东方之冠，鼎盛中华，天下粮仓，富庶百姓"的中国文化精神与气质。栽培架为中国馆外形，中部设置栽培槽，展示树式高科技栽培形式，种植无限生长型的番茄树、蛇瓜、老鼠瓜等。温室东侧结合农耕文化设立石窟景观，与当地山西文化相结合，形成温室的两条文化长廊。

图 8 – 65　水晕栽培槽

图 8 – 66　听泉廊

　　整体设计采用了多种立体栽培模式（图 8 – 67、图 8 – 68），如床体管道栽培、槽式栽培、立柱栽培、A 型架管道栽培、箱式栽培、浮板栽培等。床体管道栽培采用单元组合造景形式，并赋予视线和情趣的变化——层次设计，使床体螺旋布置，中心设置水景雕塑；箱式栽培，一种新型无土栽培形式，植物土壤相对独立，减少植物土传病的发生，适宜大规模生产使用，建造材料为高密度苯板箱、绿色吊绳、滴灌带等；槽式栽培是一种使用基质的新型栽培形式，它是充分利用竖向空间，并结合基质，使用 PE 滴灌的整套无土栽培技术，技术特点与水培管道相比可增加果蔬的品质特性。

图 8 – 67　立体栽培

图 8 – 68　立体栽培

　　万物源广场采用多种元素设计，特色铺装是其一，通过农耕纪时盘，代表万事万物的和谐、农业的启迪和发展；中国地图与凸显出的山西太原，代表着园区时空方位和农业科技走向全国的信心；甜椒的雕塑则代表着真挚地与华夏友人共同发展（图 8 – 69）。

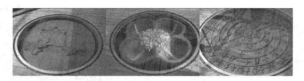

图 8 - 69　铺装小品

3. 百花艺苑

百花艺苑以展示园区花卉为主，通过不同形式的展台，设计了花神迎宾区、盆景艺术区、家庭园艺区、凤梨展区、综合展区、红掌展区、盆栽组展区、大花蕙兰展区、蝴蝶兰展区共 9 个区。园区一级道路宽 1.5 m，采用直线设计，鹅卵石铺设，空间简洁（图 8 - 70）。入口设置大型盆景榕树，起到障景作用，并寓意园区的繁荣发展（图 8 - 71）。

图 8 - 70　道路

图 8 - 71　榕树盆景

空间上设置镂空曲墙，亚克力板材，并设置直径 500 ~ 100 mm 大小不等的圆形镂空、大型的旋转立柱、阶梯形旋转摆放盆花，墙体南侧放置花神雕塑，并在西侧设置 2 个组合式花球。镂空墙南侧设置月牙雕塑，北侧为展示台，结合园艺展示（图 8 - 72）。

各个主题展区展示不同的花卉品种，采用设施表现不同的花卉魅力。如红掌展示区，入口设置 4 组红色双层拱门，红色选取花卉红掌色调，让游人感受此花的艳丽。第一组拱门旁设立红掌造型的说明牌，用以介绍红掌文化，让文化融入景点，让色彩彰显魅力。凤梨展示区，利用异型展台的形式表达，用乳白色的花卉展台，突出凤梨的娇艳，将不同品种的凤梨展示其中（图 8 - 73）。整个园区设计了大小不同、形式多样的展台，通过不同组合形式，打造既统一又变换的现代简约展区，用以呈现每个作品的魅力。

图 8-72 镂空景墙

图 8-73 凤梨展示

三、案例启示

　　植物搭配是观光温室效果成败的主要因素，定植后要有充足的养护时间。有些植物，特别是果树在运输过程中叶片容易损坏或脱落，一般需要重新发芽，最好 1~2 年的养护期，植物才能适应气候，达到较佳的观赏效果。

　　南果风情和农艺新科空间效果良好，层次丰富，形成多处观光视线廊道。百花艺苑在空间上略差，空间前部（即入口）、中部缺乏障景，后部设计的镂空景墙在层次和空间上偏后，建议温室入口做障景处理。农艺新科多处弧形设计为立体栽培增加了施工难度，需酌情考虑景观效果和表达形式之间的取舍。

第一节　农业观光温室的特征

农业观光温室是集观光游览、技术展示、科普教育于一体的高科技农业精品主题公园，它将园林艺术、园艺景观、栽培技术、地域文化有机地融合在一起，以现代温室为载体，按照景观规划设计和旅游规划原理，运用现代高新农业科学技术将自然景观（设施作物为主）要素、人文景观要素和景观工程要素进行合理融合和布局，使之成为具有完整景观体系和旅游功能的新型农业景观形态。

农业观光温室是观光农业和设施园艺业发展的结合体，是各种植物种类、品种的展示，也集成了现代农业各种科技，亦是观光农业各种新理念的表现，综合了各种学科。其灵活的经营方式与旅游紧密结合的功能特点，使农业观光温室项目展现出强大的生命力和市场前景。

农业观光温室作为一种新型农业景观形态，应重视其科技含量，它包括生物工程技术、环境工程技术、景观工程技术，先进的栽培方式、技术，以及配套的生产设施、景观设施和旅游设施等。

第二节　观光温室的发展前景和趋势

随着我国观光农业的发展，农业观光温室作为观光农业新的发展形态和增长点，显示出了强大的生命力和广阔的市场前景。

一、我国农业观光温室开发的对策和思路

（一）多学科进行规划设计

农业观光温室项目的策划与景观规划设计是一项复杂的系统工程，需要多学科进行规划设计，包括设施园艺学、景观美学、园林规划设计理论、旅游心理学、旅游文化学、旅游经营学等各领域专业。

农业观光园是在观光品种上丰富，可以不断变换，并且可以把从原始农业、传统农业到现代农业的各个时期农作方式以实物和图片形式展示出来，具有深远的历史文化内涵。同时在造景艺术上完全可以结合园林艺术，以真正体现农业公园的创新模式。

（二）科学合理进行项目选址

从项目策划来看，最重要的一点是项目选址。农业观光温室项目应与该地区旅游资源的开发相结合，与都市农业规划相配套，充分利用当地历史人文资源和自然环境因素。整个项目应注重各类项目的差异性规划，避免同类项目的同源竞争。同时农业观光温室应安排在交通便捷、具有区位优势的城市郊区，这样更符合旅游心理，也满足了市场开发的要求。

（三）注重与已有旅游项目的互补和组合

农业观光温室项目一方面应与现代农业园区、农业旅游区以及交通便捷、农业基础和旅游经营好的风景区建设相配套，形成功能上的互补；另一方面应强调项目本身的特色，注重与已有旅游项目在建设内容和运营管理上的区别，避免在内容和功能上的重复建设。

（四）功能、规模与内涵的确定

农业观光温室项目规模的界定，应根据经营目标和当地旅游市场容量来合理确定资金投入和建设规模。其开发功能要特化，强调特色。观光、休闲、参与活动餐饮娱乐等不同功能应进行分类整合，环境营造和场地规划也应根据不同功能要求进行设计。其景观的营造应与文化因素相结合，使景观具有鲜明的文化主题，体现人文特色。

（五）工程建设的专业性与协调化

农业观光温室项目涉及的工程项目有温室工程、环境调控设施工程、景观工程、我国农业观光温室的发展和景观规划设计研究工程、灌溉系统工程、棚架栽植系统工程等。在建设过程中需强调各类工程操作人员的专业性，以及各项工程之间的协调性，避免留下运营隐患。

（六）观光温室各种技术的应用

观光温室是各种现代农业技术的应用和展示，尤其在栽培方式上针对以蔬菜瓜果为主的植物景观，应倡导运用无土栽培技术方式，如水培蔬菜技术、蔬菜树式单株高产研究与示范、水培花卉的研究与示范、水培南方果树技术、景观立体栽培、温室小型设备、园区远程监控系统、设施农业生产智能监控系统应用示范、设施温室肥水气一体化施用装置、先进的温室配套设施、灌溉系统、温室病虫害防治技术、温室臭氧消毒机、移动式温室精准施肥机、微灌施肥技术，小型高性能的温室机械、设施温室肥水气一体化施用装置、先进的温室配套设施、灌溉系统、温室病虫害综合防治技术、温室臭氧消毒机等各种技术的应用。

（七）温室及作物管理技术的规范化

温室环境调控、运营管理以及作物栽培管理必须遵循科学性原则，避免人为因素干扰。同时应制订科学、规范的管理和操作条例，并遵照实施。在项目人员的安排上应注重复合型管理人员和专业技术人员的合理配备，并加强与农林科研单位或高等院校的技术合作，进行人员培训和技术消化。

（八）项目经营管理的特殊性要求

传统观光农业旅游的一项重要内容就是果实采摘活动，而农业观光温室项目内容以参观游览为主，采摘活动的开发不利于温室景观的维护和运营管理。此类活动的开发应有配套温室提供果品保障。

二、我国农业观光温室项目的发展前景

观光农业作为旅游业的一支生力军，与现代农业生产方式、优美的自然环境、多姿多彩的民俗风情、新型的生态环境以及其他社会文化景观融合在一起，成为旅游业和农业的一个新亮点。农业观光温室是一种新型的农业景观形态和农业旅游产品类型，它的产生和发展植根于我国农业转型升级和观光农业发展的良好机遇，因此具有较强的生命力和发展前景。

（一）广阔的市场需求

农业观光温室以高新农林科技为技术依托，并通过景观与技术的融合形成可观赏、可参与的展示实体，其展现出的科技性、新奇性区别于其他景观形态的休闲观光功能，对不同人群如农林科技人员、学生群体、城市游客群等有着不同层次的吸引力，因此市场前景广阔。

（二）良好运行的技术水平

与农林科研单位或高等农业院校的广泛合作，使得农业观光温室在高新技术运用和更新上有着其他农业观光项目不具备的优势，这也保证了农业观光温室良好的技术水平。

（三）投资建设的经济能力

农业观光温室从基础建设到后期的运营管理都需要大量的资金投入，强有力的资金保障对于农业观光温室的健康运营有着至关重要的意义。

（四）项目特色的可塑性、常新性

农业观光温室的景观构成与传统园林景观的一个重要区别，就是可控的环境调控技术保证了其景观的可塑性。与传统景观的一成不变相比，通过合理的茬口安排和景观工程结构调整，不仅能展现不同的植物景观，而且能根据项目活动的要求来及时调整景区、景点的内容和内涵，使得项目经营具有常新性。

参 考 文 献

1. 包智博. 中国传统造园手法对当代场地设计的指导意义. 建筑论坛与建筑设计. 30 (2)：54～56

2. 本书编委会. 休闲农业与旅游发展工作手册. 北京：中国建筑工业出版社，2008

3. 曹娓，王渊，姜卫兵等. 农业观光温室项目发展现状与开发对策. 江苏农业科学，2010 (3)：235～237

4. 陈碧娥. 厦门地区观赏地被植物资源及其园林应用. 亚热带植物科学，2007，36 (4)：38～44

5. 陈阜. 农业生态学. 北京：中国农业大学出版社，2002

6. 陈国平. 景观设计概论. 北京：中国铁道出版社，2006

7. 迪恩·霍克斯，韦恩·福斯特. 建筑、工程与环境. 大连：大连理工大学出版社，2003

8. 丁圣彦. 生态学：面向人类生存环境的科学价值观. 北京：科学出版社，2004

9. 段进. 应重视城市广场建设的定位、定性与定量. 城市规划，2002 (1)：37～38

10. 顾馥保等. 现代景观设计学. 武汉：华中科技大学出版社，2010

11. 韩永峰，屠扬，王红生. 无土栽培的概况及发展对策. 河北林果研究，2010，25 (3)：297

12. 胡永，黄卫昌等. 展览温室与观赏植物. 北京：中国林业出版社，2005

13. 黄芳，马跃. 适宜作地被的蔓生植物. 南方农业（园林花卉版）2007 (4)：30～32

14. 黄光宇，陈勇. 生态城市理论与规划设计方法. 北京：科学出版社，2003

15. 贾禾弟. 现代花卉实用技术全书. 北京：中国农业出版社，2003

16. 姜卫兵，严志刚，翁忙玲. 论农业观光温室的发展及其工程与景观规划设计. 内蒙古农业大学学报，2007，28 (3)：274～278

17. 姜卫兵，严志刚，翁忙玲. 论农业观光温室的发展及其工程与景观规划设计——以江苏华西农业观光温室为例. 内蒙古农业大学学报，2007，28 (3)：274～278

18. 蒋和平，江晶. "十二五"期间农业科技园区建设和发展重点. 第十一届中国农业园区论坛论文集. 2011，1～5

19. 蒋和平，张喜敏，辛岭. 农业科技园区专家大院运行机制与模式. 北京：中国农业出版社，2008

20. 李斌欣，闫红伟. 观光农业园景观规划设计——以朝阳市小塘镇果业观光示范园区为例. 安徽农业科学，2007，35 (5)：1333～1334

21. 李浩年. 风景园林规划设计50例. 南京：东南大学出版社，2005

22. 李志豪. 地被植物在景观设计中的配置. 江西农业学报，2006，18 (5)：131～132

23. 林珏. 草本地被植物在上海地区的应用及其发展前景. 上海农业科技，2006 (1)：88～90

24. 刘滨谊. 现代景观规划设计. 南京：东南大学出版社，2005

25. 刘常福，陈玮. 园林生态学. 北京：科学出版社，2003

26. 刘福智. 景观规划与设计. 北京：机械工业出版社，2003

27. 鲁敏，李英杰. 园林景观设计. 北京：科学出版社，2005

28. 彭海平. 园林绿化中地形的营造. 北京园林. 2009（2）：12～16

29. 邵燕，汤庚国. 南京老山地区地被植物资源调查与应用. 江苏林业科技，2007，34（4）：27～31

30. 孙成仁. 景观规划设计. 哈尔滨：黑龙江科学技术出版社，1999

31. 谭巍. 公共设施设计. 北京：知识产权出版社，2008.

32. 田大方，李萍. 现代居住小区景观环境规划设计. 哈尔滨工业大学学报，2004，36（4）：531～532

33. 汪淑云. 如何建设高品位的观光农业园. 北京：第八届中国农业科技园区论坛会议交流材料，2008

34. 汪晓云，杨其长，魏灵玲. 设施园艺与观光农业系列（4）——观光农业的温室与栽培设施. 农业工程技术：温室园艺，2007（10）：38～39

35. 王浩，陈莹. 城市道路绿地景观规划. 南京：东南大学出版社，2005

36. 王树进. 观光农业园规划与经营. 北京：中国社会出版社，2008

37. 王学斌. 景观规划设计内容与方法. 天津建设科技，2002（2）：35～36

38. 王雁. 14种地被植物光能利用特性及耐阴性比较. 浙江林学院学报，2005，22（1）：6～11

39. 王意成，郭忠仁. 景观植物百科. 南京：江苏科学技术出版社，2006

40. 王玉成. 旅游文化概论. 北京：中国旅游出版社，2005

41. 邬建国. 景观生态学——格局、过程、尺度与等级. 北京高等教育出版社，2000

42. 西蒙兹（美），斯塔克. 朱强等译. 景观设计学——场地规划与设计手册. 北京：中国建筑工业出版社，2007.

43. 项缨. 地被植物在园林造景中的效用. 浙江林业，2003（8）：14～15

44. 谢河山，程萍，王燕鹏等. 农业观光温室中植物栽培管理技术. 植物学通报，2002，19（1）：116－120

45. 邢万明，康欣娜. 现代农业温室公园的发展现状与趋势. 安徽农业科学，2006，34（17）：4439～4440

46. 严志刚. 我国农业观光温室的发展和景观规划设计研究. 南京农业大学硕士学位论文

47. 杨礼宪，陈亦捷，朱立英. 我国休闲农业园区发展研究. 第十一届中国农业园区论坛论文集，2011，9～12

48. 杨锡荣. 论景观设计的可持续发展原则. 管理观察，2000（36）：218～219

49. 杨小波，吴庆书. 城市生态学. 北京：科学出版社，2000

50. 俞孔坚，李迪华. 景观规划设计：专业科学与教育. 北京：中国建筑工程出版社，2003

51. 袁海龙. 园林工程设计. 北京：化学工业出版社，2005

52. 张福墁. 设施园艺学. 北京：中国农业大学出版社，2001

53. 张玲慧. 地被植物耐阴性研究及园林配置探讨. 浙江大学，2004

54. 张天柱. 现代观光旅游农业园区规划与案例分析. 北京：中国轻工业出版社，2009

55. 张天柱. 现代农业园区规划与案例分析. 北京：中国轻工业出版社，2007

56. 张锡娟，秦华. 观光农业园的景观规划初探. 西南农业大学学报（社会科学版），2005，3（4）：161~164

57. 张晓冬. 观光农业园的景观规划设计初探. 恩施职业技术学院学报（综合版），2007，20（6）：11~14

58. 张晓燕. 景观设计理念与应用. 北京：中国水利水电出版社，2007

59. 张雪松. 景观设计的几点建议. 城市建设与商业网点. 2009，（20），48~49

60. 张毅川，乔丽芳，姚连芳等. 观光农业园景观规划探析. 浙江林学院学报，2007，24（4）：492~496

61. 赵和生. 城市规划与城市发展. 南京：东南大学出版社，2005

62. 赵良. 景观设计. 武汉：华中科技大学出版社，2009

63. R. E. Kendrick, & G. H. M. Kronenberg. （eds.）. *Photomorphogenesis in Plants*. Leiden：Martinus Nijhoff publishers，1986

64. 中国植物图片库 http：//www. plantphoto. cn/tu/4372

65. 中国自然标本网 http：//www. nature-museum. net/default. html

66. 中国植物志 http：//frps. plantphoto. cn/list. aspx

67. 郭世荣. 无土栽培学. 北京：中国农业出版社，2007

中国轻工业出版社农业类图书书目

社会主义新农村建设实务丛书

《现代农业园区规划与案例分析》	36.00 元
《现代观光旅游农业园区规划与案例分析》	26.00 元
《现代农业园区规划案例图集》	120.00 元
《现代农业观光温室景观设计与案例分析》	38.00 元
《农业美学初探》	14.00 元

服务三农·农产品深加工技术丛书
（"十一五"国家重点图书出版规划项目）

《果树高效栽培技术》	28.00 元
《名稀特野蔬菜栽培技术》	34.00 元
《蔬菜贮藏与加工技术》	22.00 元
《果蔬贮藏实用技术》	18.00 元
《北方果蔬贮藏保鲜技术》	16.00 元
《野生食用植物资源加工技术》	24.00 元
《粮食加工技术》	12.00 元
《稻谷及其制品加工技术》	20.00 元
《薯类加工技术》	12.00 元
《大豆深加工技术》	28.00 元
《蛋制品加工技术》	22.00 元
《鹅类产品加工技术》	18.00 元
《蜂产品深加工技术》	24.00 元
《茶叶深加工技术》	12.00 元
《油菜籽加工与综合利用》	21.00 元
《中国泡菜加工技术》	28.00 元
《农作物秸秆饲料加工技术》	15.00 元
《发酵饲料生产与应用技术》	12.00 元
《稻谷加工设备使用与维护》	18.00 元
《农村能源应用技术》	29.00 元
《生态农业技术与产业化》	20.00 元
《养猪与猪病防治问答》	10.00 元

农道系列

《农道——没有捷径可走的新农村之路》　　　　　　25.00 元

《新农村建设方法与实施》　　　　　　　　　　　25.00 元

购书办法：各地新华书店，本社网站（www. chlip. com. cn）、当当网（www. dangdang. com）、卓越网（www. joyo. com）、轻工书店（联系电话：010 – 65128352），我社读者服务部（联系电话：010 – 65241695）。

图1　"欢欣鼓舞"景观节点

图2　供游客取景的温馨设计

图3　天津杨柳青年
画特色景观(1)

图4　天津杨柳青年
画特色景观(2)

图5　华南植物园
生态设计

图6　寿光蔬菜博览会
科技展示馆中的
"未来馆"

图7　温室瀑布景观

图8　温室观赏性水体

图9　依水景观设计（1）

图10　依水景观设计（2）

图11　景观山体设计（1）

图12 景观山体设计（2）

图13 万生苑沙漠植物区

图14 寿光科技馆茄果类展示区

图15 现代农业景观

图16 无土栽培

图17 立体栽培景观展示

图18　管道栽培展示

图19　雾培景观栽培展示

图20　景观树

图21　鱼菜共生
系统

图22　立体栽培